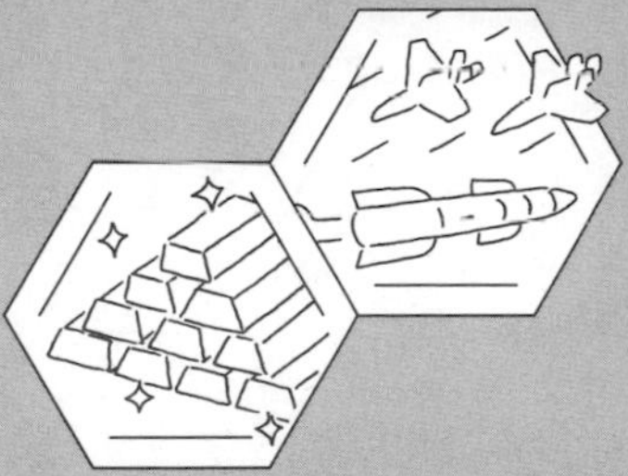

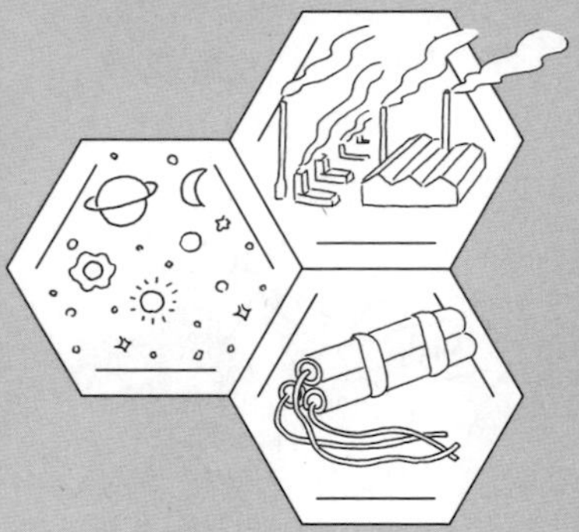

世界史是化學寫成的

從玻璃到手機，從肥料到炸藥，保證有趣的化學入門

左卷健男 著
陳聖怡 譯

前言 人類的文明是化學推動的

「從原始的火把到石蠟蠟燭，這段發展的路程是如此漫長，而這兩者的差別又是如此巨大。人們藉由在夜晚照亮住家的方法，刻下人類文明的尺度。」

這是英國化學家麥可・法拉第在名著《法拉第的蠟燭科學》序文中的一段話。人類就是這樣一邊與化學共同創造文明，一邊走過歷史。

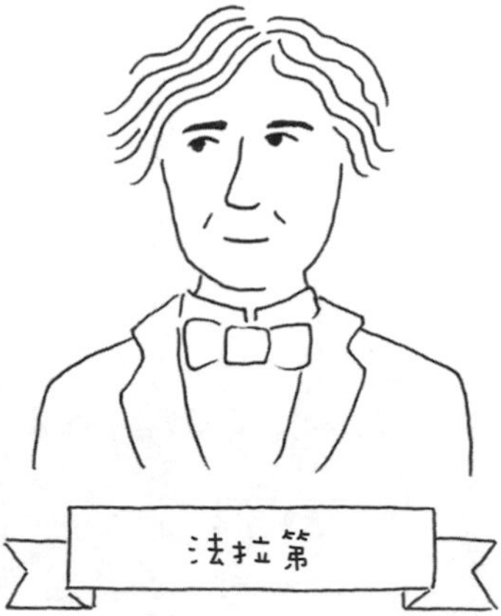

火，是一種極度貼近你我身邊的化學現象。

在世界史（人類史）上，人類最早發現的化學現象，可能就是「火」。火是伴隨著「燃燒」這種化學反應而產生的現象。面對自然的野火或山林火災，原始人類應該也和其他動物一樣，始終抱持著恐懼而不敢靠近吧。

但我們的祖先終究克服了這項恐懼——他們接近火焰、把玩它，甚至開始利用它。這同時也是人類好奇心的體現，或許他們就在不斷靠近、接觸火焰的過程中，學到了如何運用火焰。

距今大約七百萬年前，開始出現能直立行走、名爲「地猿」的初期猿人。地猿透過雙腿直立行走，並漸漸能以下肢支撐整個身體，可任意活動的前腳於是變成了雙手。人類靈活的前腳（也就是雙手）開始能用石頭、獸骨、木頭製作工具，也使得腦容量越來越大。當人類有辦法做出更複雜的道具後，不但發明了生火方法，還打造出火爐，最後發展出能隨時運用火焰的技術。

火不僅可以直接用於取暖、照明、狩獵、火耕，也能用來燒製土器和磚瓦、烹飪、將礦物精煉成金屬，還能用於金屬加工。雖然「已知用火」使得人類的生活變得豐富便利，但是從另一面來看，它也會破壞森林、大幅改變自然環境和景觀。

大約在五千年前，出現了所謂的「四大文明」。以孕育自印度河沿岸的印度河流域文明為例，其都市在當時就已具備了以規格相同的燒磚鋪設整齊的道路、下水道設施、大浴池、城塞和穀倉群。然而，為了燒製城市所需要的大量磚塊，濫伐河岸樹木、破壞森林的結果，土壤受到風雨侵蝕、養分逐漸流失，進一步使得該文明從大約西元前一八〇〇年開始走向衰微。衰微的原因可能出於當時的農穫減少，在缺乏糧食維持軍隊下，遭受了外來勢力的攻擊。

後來，人類發展出從礦物中煉出金屬的「冶煉」技術。尤其是鐵，可說是最重要的物質和材料，直到現代，仍可說是處於鐵器文明的延長線上。此外，要從鐵礦中提煉出鐵，不但需要比從銅礦煉出銅更高的溫度，相應的加工技術水準也更高。

隨著鈦等近代發現的新金屬問世，金屬材料的世界更加更多采多姿，但主角始終都是鋼鐵（以鐵為主成分的金屬材料統稱）。鋼鐵的產量大，質地又強韌，自古以來就用於製造武器、工具（鑿子、小刀、鋸子等）、農具（鏟子、鋤頭等），一路推動著歷史，直到今天。率先習得製鐵技術的國家或民族，藉此征服尚未擁有該技術的人民，這種例子在歷史上不可勝數。

在這裡，先向各位簡單說明一下「化學是什麼」。

我們的世界是由物質所組成的：水、空氣、土、石、木、金屬、紙、玻璃、藥品、塑膠、橡膠、纖維……周遭充滿了五花八門的物質，並運用在我們每一天的生活中。

而這些讓生活變得更輕鬆的各種物質，正是「化學」發展至今的成果。

化學是一門研究物質結構（組成物質的原子、分子、離子如何互相連結）、性質與化學反應（能產生新物質的變化，也就是化學變化）的學科，這三項主題是化學的三大支柱，且互有關聯：先針對物質的性質和結構進行研究，再根據研究結果創造出全新的物質。

所有物質都是由原子組成的，而原子的種類即爲「元素」。原本就存在於大自然的原子種類約有九十種，透過這些原子互相連結，才構成了各式各樣的物質。

考古學上，劃分史前時代（尚未使用文字的時代）的方法之一，是依據當時主要使用的物質和材料，分爲「石器時代」「青銅時代」「鐵器時代」，這是因爲石頭或金屬等材料的運用，對世界史造成了巨大影響的緣故。

人類，尤其是約二十萬年前出現於非洲的智人，隨著時間過去，陸續發展出工具、火（能源）、衣服、住宅、建築、道路、橋梁、鐵路、船舶、汽車、農業、工業……並借助它們的力量繁衍至全世界。從另一方面來說，人類的文明根基，正是奠定於「化學」這門學科的進步，以及透過相關研究所帶來的各項物質與材料——即便原本並不存在於大自然，人類也有辦法藉由化學知識和技術製造出來。

本書將在第一章至第三章，爲各位介紹自然科學和化學如何在藝術、思想、學問百花齊放的古希臘時代萌芽，並搭配眾多天才化學家的事蹟，講述化學的基本思維和原子論、元素、週期表如何孕育而成。

第四章以後，則涵蓋了火、食物、酒、陶瓷、玻璃、金屬、金銀、染料、藥物開發、毒品、炸藥、化學武器，乃至核子武器，從正反兩面觀點介紹這些化學成就如何影響我們的歷史。

第3章 列張週期表，讓元素照位子坐好

第7章　喝完這杯再說吧

第10章 金屬孕育出的鐵器文明

第11章　黃金與白銀，有時還有香料

第12章　染出美麗

第13章　從染料到醫藥

第14章　毒品，興奮劑，還有菸

第16章　夢幻物質的黑暗面

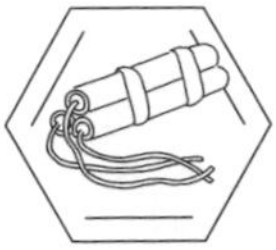

第17章 咻的一聲要爆炸啦！

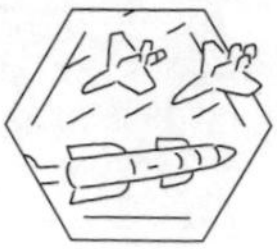

第18章　戰爭與科學家的社會責任

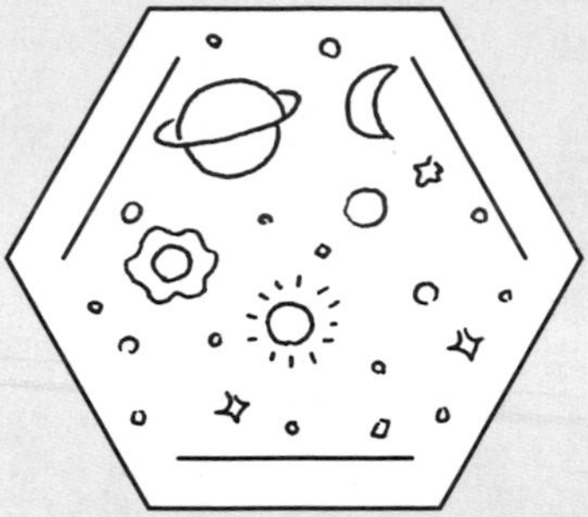

第 1 章

是什麼構成了物質？

費曼的提問

知名物理學家理查．費曼教授在著作《費曼物理學講義Ⅰ：力學、輻射與熱》中，提出了這麼一個科幻的假設：假如發生了一場（有如諾亞大洪水的）大災難，所有的科學知識都遭到毀滅，在只能留給後代一句話的情況下，要怎麼用最少的字容納最多的訊息？

倘若是你，會怎麼回答這個問題呢？

針對這個問題，費曼的回答是：

所有東西（物質）**都是由原子構成的**。

環顧一下四周，桌子、椅子、書本、筆記型電腦等固體，以及轉開水龍頭時流出的液態水，這一切都是由物質——也就是原子所構成的；就連充斥在我們周圍、無孔不入的空氣也不例外。構成這些物質的原子，數量龐大到令人無法想像的地步。

根據大霹靂理論，宇宙始於約一百三十八億年前，並在約四十六億年前形成了太陽系。組成太陽系的原子，並不只有在大霹靂時生成的氫原子和氦原子，也包含了在太陽系形成前、各星球爆炸時所生成的多種原子。

在宇宙的諸多星群中，地球簡直小到微不足道。引力顯然比不上別人的地球，無法將容易成爲氣體的成分拉到引力範圍內；再加上地球距離太陽算是很近，也使得容易揮發的物質幾乎無法成爲構成地球的材料，因此，地殼的主要組成爲岩石（如二氧化矽）和金屬（例如鐵）。

順帶一提，整個太陽系中，總質量占比最高的前五種元素依序是氫、氦、氧、碳、氖；至於占地球總質量比例最高的前五種元素，依序是鐵、氧、矽、鎂、鎳。

占地球總質量最高的鐵，同時也是地核的主要成分。排名第二的氧除了構成氧氣，也和矽、鎂、鐵、鋁等元素組成氧化物，形成岩石。

至於出現在地球上的生物，長久以來都在水中演化，後來終於爬上陸地，其中一種還演化成人類。構成生物體的原子，同樣是生成整個地球的原子們。當我們追溯這些原子的源頭時，可以一路回推至星群爆炸和大霹靂；換言之，所有人類都是星星的後代。

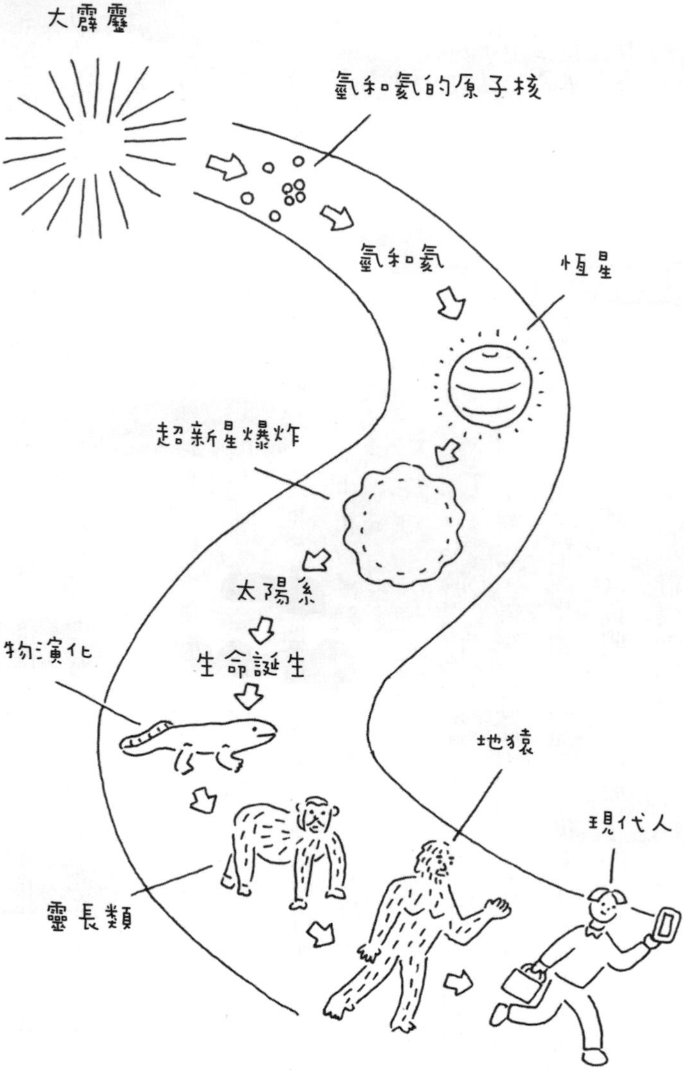
大霹靂
氫和氦的原子核
氫和氦
恆星
超新星爆炸
太陽系
生物演化
生命誕生
地猿
現代人
靈長類

宇宙138億年的歷史

構成人類身體的原子中，大約有十億個或許曾構成埃及豔后克麗奧佩脫拉的身體，另外可能還有十億個是來自於釋迦牟尼等歷史人物。

印度有個名為瓦拉納西的印度教聖地，在那裡，人們會將遺體帶到恆河畔的火葬場（馬尼卡尼卡河壇），並以木柴點火焚化。經過大約兩個半小時，遺體就會化為氣體、煙霧與骨灰，骨灰最後則直接拋入恆河。對印度教徒而言，畢生最大的心願，就是火化後的骨灰能撒入恆河。

人體在火化後，占體重約六〇％的水分會變成水蒸氣散去；蛋白質和脂肪幾乎都會變成二氧化碳和水（水蒸氣），並消散在空中。煙霧裡包含受熱分解的物質、化為灰燼的骨骼，和體內的礦物質成分磷酸鈣。如果是土葬，則會由微生物負起分解遺體的工作。這些四散在空中和水中的原子群，會在某處再度成為構成其他物質的原子，好比說樹葉、魚、昆蟲，或其他人類的一部分；說穿了，這些新的地方也只是原子群暫時的落腳處。絕大多數的原子永恆不滅，會不斷在地球上四處循環。構成我們身體的原子群，就是這樣在宇宙中生成、歷經千變萬化後，才終於來到這裡。

探索自然知識的先行者

在西元前六世紀至前四世紀的古希臘，藝術、思想、各種學問百花齊放。在古希臘，這些學者大多是被稱爲哲學家、經濟寬裕的公民。

希臘語以「philosophíā」來指稱那些能讓哲學家感到喜悅的行爲，也就是「愛智慧」的意思。舉例來說，假設有個人在觀察夜空群星的動向時，發現了一顆運行方向與絕大多數星體相反的星星。經過連日觀察，他確定自己的發現無誤，並且很想把這件事告訴別人。於是，他開始與周遭的人們談論相關的知識。而發掘這股樂趣的「他」，就是哲學家。

「philosophíā」一詞在歐洲廣爲流傳（英語爲 philosophy），在十九世紀中葉傳入日本後，譯爲「哲學」。也就是說，如果用現在的話來描述古希臘的哲學家，其實就是包含了自然科學和社會科學在內的科學家們。

「學校」的英語 school，詞源來自於希臘語的 skholé，意思是「閒暇」。閒暇時能讓自己感到喜悅的，是追求智慧；至於進行對話的時光和場所，也包含在閒暇的定義內。

換言之，**學校就是享受知識**（哲學）**的場所**。

古希臘哲學家中，不乏能精準測量天體位置的人，還有能運用幾何學知識來丈量土地的人。儘管他們尚未發展出「實驗」這項科學方法，但相對的，他們非常仔細觀察自然界發生的變化，並思考形形色色的問題，成爲自然界和社會的知識探索者。

萬物皆由水組成

古希臘最早深入探索「萬物根源」的人是泰利斯（Thales）。他是個生意做很大的貿易商，曾搭船經由地中海，到埃及推銷橄欖油，是個見多識廣的人。

某天，泰利斯開始萌生疑惑：

世界上有數之不盡的萬象事物，都是由物質所構成的，而且物質的變化方式多得令人驚奇。**雖說**

物質會不斷變化，卻並非無中生有，存在的東西也不可能完全消失；由此可知，物質是不生不滅的。無數物質不斷變化，但爲什麼大家都是不生不滅的？

泰利斯認爲，所有物質必然是由唯一的「本原」所組成的，而他得到的答案就是水：

水遇冷後凝結成冰，加溫之後就會恢復原狀；溫度繼續升高的水會成爲水蒸氣，再冷卻後又會形成水滴。河川、海洋和地表的水，都會變成水蒸氣上升到空中、形成雲朵，雲又會降水成爲雨和雪。水能如此千變萬化，不論怎麼變也不會消失殆盡。話說回來，金屬的變化、生物形體的變化，不也都和水一樣嗎？

泰利斯推論，這些物質的型態和外形不論再怎麼變化，也不會完全消失，應該是因爲**所有物質都是由某個「本原」所組成的**——不論構成的是金屬或生物。後來泰利斯便把構成所有物質的「本原」命名爲「水」。

值得注意的是，泰利斯所說的「水」，並不是指現代科學做爲研究對象、做爲物質的水，而是將變化不歇、變換型態後生成其他物質，並能再度回歸原初型態的萬物本原稱爲「水」而已。這種思考的背景，可能來自於他曾到東方旅行，聽聞流傳在美索不達米亞的世界起源傳說、得知其故事中心就是「水」，才深受影響。

泰利斯的「水」，促使眾多學者開始思考萬物的「本原」（元素）爲何。有人認爲本原是「空氣」，經過壓縮和稀釋，分別形成水、土和火，進一步創造了自然界；也有人認爲本原就是「火」，並將自然界比喻爲「燃起、消失，無時無刻都在活動的火」。

微粒組成萬物

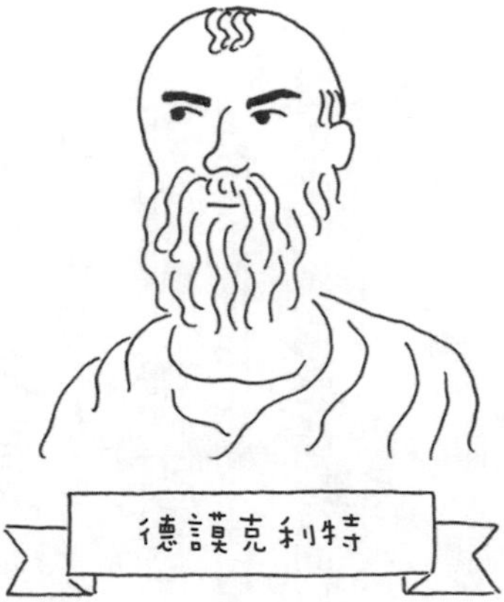

對於「萬物根源」是什麼的問題，德謨克利特（Democritus）提出了名爲「原子論」的主張。

和泰利斯一樣，德謨克利特曾周遊地中海沿岸，徒步觀察風土、歷史和文化迥異的各個國家裡，有什麼樣的自然環境與人民，並學習各國的學問和技術。他認爲，**創造萬物的「本原」存在於無數微粒中，而且這一顆顆粒子永遠不會毀滅**。他將這些無法再分解得更小的微粒，以希臘語中意指

「不可分割之物」的「atomos」（原子）來命名。

德謨克利特還思考了另一項觀點，也就是「虛空」（什麼都沒有的空間），若改用現代科學的用語來說，就是「眞空」。

因爲原子會占據空間、四處活動，所以必須要有提供給原子活動的「虛空」。

簡單來說，德謨克利特的原子論就是「萬物是由原子和眞空所構成的，除此之外別無其他」。

德謨克利特認爲，無數原子在除了原子以外什麼都沒有的空間裡，激烈且毫不停歇地四處活動，互相撞擊、形成漩渦。有的原子雖然會和其他原子相連成一團，但這團東西總有一天會分解，恢復成原本四散的原子。**只要改變原子的排列方式和組合，就能製造出不同種類的物質**。萬物是藉由原子的組合而形成，就連火、氣、水、土也不例外。

據說德謨克利特寫了一系列共七十多部鉅著，但沒有一本流傳下來。由於他大膽主張，人類的靈魂也是由輕盈、活潑好動的原子組成，不會遵從神的指示，而是跟隨控制原子運動的自然定律；只要構成人類肉體的原子瓦解分散，人類的靈魂就會消失。也就是說，神並不存在。他因此遭到統治階層指控「試圖抹滅神的存在」，並飽受攻擊，與他有關的書籍全數遭到銷毀。我們之所以能認識德謨克利特的事蹟，主要是由於反對原子論的哲學家們，將他的思想記錄在自己的著作之故。

原子論與享樂主義

古希臘哲學家伊比鳩魯（Epicurus）在年輕時就已學過了德謨克利特的原子論。三十五歲那年，他在雅典開設了「伊比鳩魯學院」，也爲女性、孩童、奴隸敞開了求學的大門。

伊比鳩魯畢生曾寫下許多著作，但流傳下來的只有寥寥數本。他以原子論爲基礎，提倡「快樂是人生的目的」與享樂主義。但他所謂的快樂，並不是指從放蕩或享樂中得到的快感，而是心靈的平靜，也就是身體不受痛苦折磨、靈魂屹立不搖的狀態。伊比鳩魯否定神的存在，倡導「無懼於神，平靜生活」的重要性。

伊比鳩魯曾說過，**死亡其實就是構成肉體和靈魂的原子分解**。「我存在時，死亡不存在；死亡存在時，我已不存在。」

「享樂主義」這種說法，其實是採取禁欲主義的斯多噶學派為了批判他而貼上的標籤：「伊比鳩魯是個連神也不放在眼裡、只追求快樂的享樂主義者。」但實際上，「享樂主義」只是伊比鳩魯從原子論衍生出來的人生觀。

後來，歐洲的文化重心轉移到了地中海南岸的亞力山卓。在西元前七〇年左右，羅馬詩人盧克萊修（Lucretius），以敘事詩體裁傳頌了伊比鳩魯的原子論——說是「詩」，卻是一首長到分成三本書的詩。

開頭是這樣的：

當宗教從天庭露出它令人恐懼的面孔，俯視人寰，而人的生命在眾目睽睽下癱倒在地上，卑汙可憎，被宗教沉重的包袱壓垮時，第一個敢抬起凡人之眼冒犯它的，第一個挺身而出反抗它的，是一名希臘人。他（伊比鳩魯）並沒有被眾神的神話嚇倒，也沒有被閃電或逼人的雷鳴震懾，反而更刺激他充滿熱忱的靈魂，渴望成為砍斷自然之門那堅固「門閂」的第一人，並將門一把推開。他活躍的精神戰勝了，於是他一鼓作氣，奮勇向前，遠離了世界的火焰壁壘，並悠遊在內心無邊無際的世界裡。他從那裡凱旋，帶回了這樣的報告：什麼可以誕生，什麼不能；每一物力量如何有限，以及是否有深植不移的界線。宗教因此反過來被扔到人的腳下，遭到踩踏，他的勝利使我們與天不分高下。

——摘自《物性論》

發源於德謨克利特的古希臘原子論，有了伊比鳩魯這麼一位傑出的繼承者，而伊比鳩魯的學院在這之後，也持續經營了長達三個世紀。

只是，日後主導哲學思想的亞里斯多德提出了「自然厭惡真空」與「四性質說」，在此影響下，原子論遭到長期壓制，必須等到十七世紀，才盼來復甦的機會。

聽亞里斯多德的準沒錯

我們再回到古希臘時代吧。關於萬物的「本原」到底是什麼，當時還有其他思想，主張本原不可能像泰利斯說的那樣，只有一種。

恩培多克勒（Empedocles）認為，**萬物的本原可分為「火、氣、水、土」四種，並表示，好比畫家用顏料調色一樣，這四項元素的混合組成了自然萬物。**恩培多克勒採納了泰利斯的說法，認為火、氣、水、土這四項元素都是不生不滅的，千變萬化，永不停歇，且最終都會恢復原狀。

德謨克利特去世時，亞里斯多德還只是個嬰兒。亞里斯多德後來進一步闡釋四元素說為「四性質說」，**認為元素只是一種「原質」**（prima materia，也就是各種本原的本原），**此原質透過熱、冷、乾、濕的性質組合，互相變化為火、氣、水、土這四種形式：**

- 原質加上「熱」與「乾」的性質，顯現成「火」。
- 原質加上「熱」與「濕」的性質，顯現成「氣」。
- 原質加上「冷」與「濕」的性質，顯現成「水」。
- 原質加上「冷」與「乾」的性質，顯現成「土」。

比方說，用鍋子裝水，放到火爐上燒，火的性質之一「熱」就會和水的性質之一

「濕」結合；原質受到「熱」與「濕」的作用，便成爲升起的「氣」（實際上並非空氣，而是水蒸氣）；水蒸發後，火的性質「乾」和水的性質「冷」就會混合成爲「土」（事實上是溶於水中的鈣化合物等礦物質成分）。

由於亞里斯多德的四性質說很容易以直覺理解，所以其影響力一直持續到十九世紀，尤以對歐洲的影響最甚。

亞里斯多德是柏拉圖的學生，並曾在亞歷山大大帝還是王儲時，擔任他的家庭教師。亞歷山大大帝後來不但建立了版圖橫跨希臘與波斯的大帝國，也十分重視亞里斯多德，從不吝於爲他支付研究經費。亞里斯多德在各領域皆有著作，也培育了許多學生。他的影響力非常深遠，對當時從事學問研究的知識分子來說，「聽亞里斯多德的話準沒錯」是他們之間的共識。

亞里斯多德這樣批判原子論：「任何物體擊碎都會變成微粒。不可能有無法破壞的粒子，而且眞空不存在；即便是看起來空蕩蕩的空間，也必定塡滿了某些物質。」也就是說，亞里斯多德認定「自

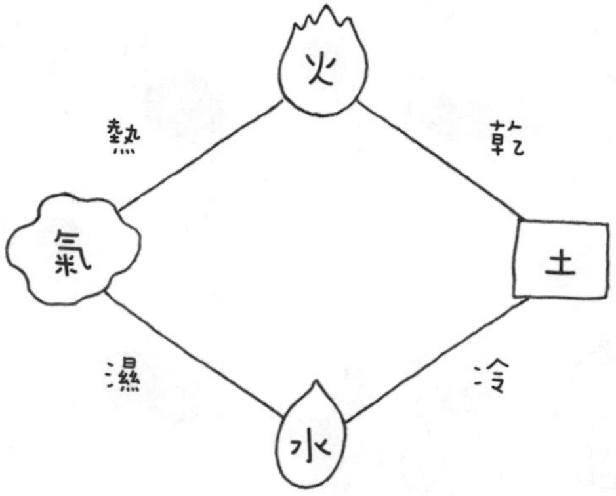

元素	性質
火	乾、熱
土	乾、冷
水	濕、冷
氣	濕、熱

亞里斯多德的四性質說

然厭惡眞空」。

四性質說與煉金術

有一種化學技術叫做「煉金術」。它來自於從礦物中提煉金屬、製造合金的技術。在化學變化仍充滿神祕感的古代社會，出現了一群認眞想把鉛和其他普通金屬轉換（變換）爲黃金的人。而從古代到十七世紀，煉金術興盛了將近兩千年。

西元前三三一年，亞歷山大大帝占領埃及，並在尼羅河河口建設了一座名爲亞力山卓的城市。此後長達兩個世紀的時間裡，這裡有多采多姿的文化和傳統交織，成爲全世界最大的都市。這裡有托勒密一世所設立的繆思學院，集結了許多來自地中海周邊各國的學者。其中附設的圖書館，則是希臘羅馬時代規模最大的圖書館，保存了超過七十萬件莎草紙卷書，傲視天下。

歷史學家推測，亞力山卓可能就是煉金術的發祥地，因爲這裡不但有製造木乃伊必須的屍體防腐處理法，還有染色技法、玻璃與彩陶的製造法、冶金法等多項工藝技術。受同樣屬於希臘文化的亞里斯多德四性質說影響，當時的人認爲，元素具備的性質可以改變，熱可以變冷，濕可以變乾，金屬當然也有可能變成黃金。

第 2 章

所以說，

原子是什麼東西？

真空存在嗎？

古希臘哲學家德謨克利特在原子論中主張，萬物是由原子和虛空（眞空）所組成，除此之外別無其他。意思是，所有事物都是由在「什麼也沒有的空間」（眞空）裡運動的無數原子構成。不過在當時，別說原子的存在了，就連眞空都只停留在原子論者自己的想像，根本無法證明，所以「眞空的存在」才會遭到「自然厭惡眞空」的思想反駁。

我們從「自然厭惡眞空」的觀點出發，想像一下自己用吸管喝杯子裡的水吧。就算是從吸管喝水，也不代表吸管內會變成眞空。自然的結構非常縝密，當環境快要變成眞空狀態時，杯內的水就會上升、塡補空出來的地方，所以我們才能喝到水。這麼說來，想用長二十公尺的吸管、從二十公尺高的地方喝杯子裡的水，似乎不是不可能的事。

事情眞的是這樣嗎？以開採礦物爲例，開挖前必須先抽出礦山深處湧出的地下水，但以手壓幫浦抽取地下水時，卻發生了不可思議的現象：地底深度一旦超過十公尺左右，幫浦就抽不出水了。

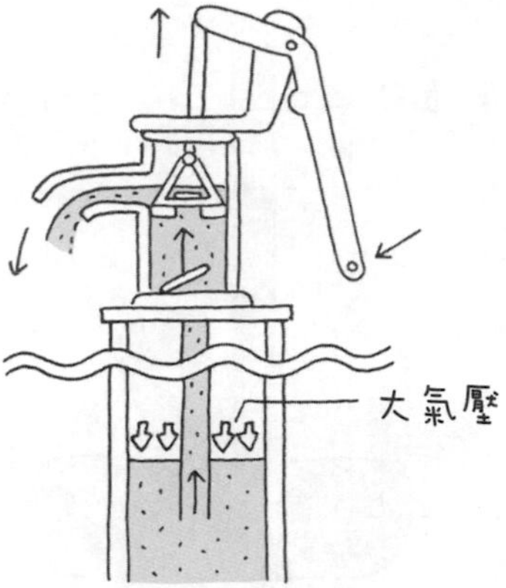

大氣壓在幫浦內將水往上推送

最後解決這個問題的人，是伽利略晚年所收的學生托里切利（Evangelista Torricelli）。

伽利略透過實驗證明空氣有重量，托里切利因此認爲，幫浦之所以能抽出水，是受到空氣重量造成的氣壓推擠的緣故。因爲幫浦內有空氣施加壓力，才能把水往上推，而且幫浦只能將水抽到「水柱重量往下壓的力」和「氣壓往上推的力」剛好平衡的高度。

一六四三年，托里切利使用相同體積下，重量是水的十三．六倍的水銀代替水柱來做實驗。他在一端封閉的玻璃試管內灌滿水銀，堵住另一端的開口後，讓試管開口朝下、垂直插入裝滿水銀的盆中，再打開管口，結果試管內的水銀液面高度下降至約

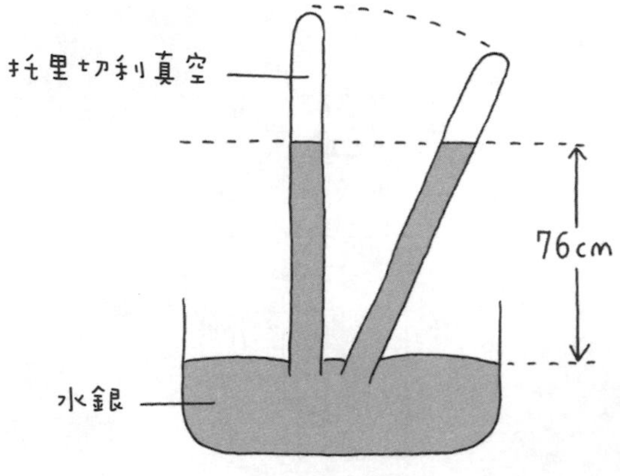

托里切利真空

七十六公分高。這代表，要支撐一個標準大氣壓（標準大氣條件下海平面的氣壓，即一atm），需要七十六公分高的水銀所提供的壓力。原本整根玻璃管都灌滿了水銀，但現在上方出現了空間，所以那裡沒有空氣，形成了眞空（不過從現代科學的角度來看，水銀會產生少量蒸氣）。

如果這裡用的不是水銀而是水，那麼一個標準大氣壓就需要水銀的十三．六倍，也就是大約十公尺高的水才能支撐。

用水做托里切利實驗

一六四七年，後人以其名做爲壓力的單位、二十四歲的帕斯卡（Blaise Pascal），用長

吸出吸管內的空氣，
口腔裡的壓力就會變小
大氣壓 ＞口中氣壓，
壓力差使果汁往上升
大氣壓

用吸管飲用杯中果汁的原理

玻璃管和水做了實驗。

以前我也曾在課堂上，嘗試用長十五公尺、直徑一公分的透明塑膠管和水進行托里切利實驗。

實驗中，將管子其中一端插進裝了水的水桶，管內則灌滿水；另一端則用橡皮塞封住，再用鐵絲綁緊，並利用樓梯把管子抬高。接著，從大約十二、三公尺高的地方垂下一條線、綁住橡皮塞那一端，往上拉，就會發現管內的液面大概只到約九・九公尺高就上不去了。

這時，仔細觀察，會發現水中有細微的氣泡正在上升。壓力越大，溶於水的空氣就越多；因此，在低壓環境下，有些原本溶於水的空氣就會跑出來。塑膠管前端雖然有無法溶於水的少量空氣和水蒸氣（飽和水蒸氣），但也算是接近眞空的狀態。

我們再站在「眞空存在」的立場，思考一下用吸管喝杯中果汁的狀況。杯中液面所承受的壓力是一個標準大氣壓。當我們吸吸管時，口中的壓力就會降低（小於一個標準大氣壓），承受一個標準大氣壓推擠的果汁才會進入口中。

十六匹馬也拿真空沒辦法

一六五〇年，當時的德國馬德堡市市長格里克（Otto von Guericke），在經歷多次改良後，發明出利用附活塞和單向閥的氣缸、排出容器內空氣的「眞空幫浦」。

格里克因爲一六五四年公開進行的「馬德堡半球」實驗，在科學界聲名遠播。這場在神聖羅馬帝國皇帝斐迪南三世和國會議員面前進行的公開實

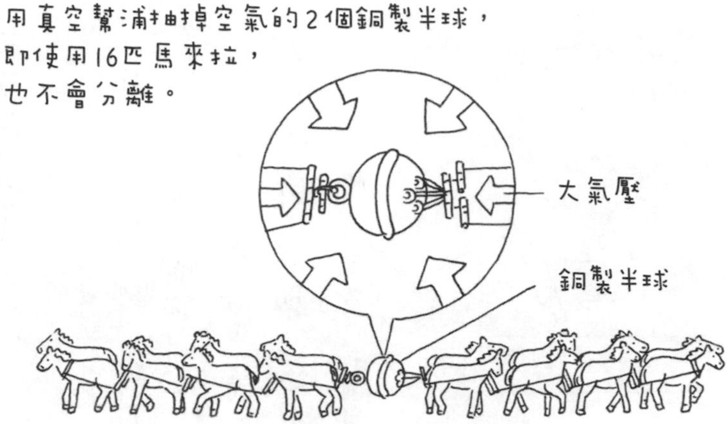
用真空幫浦抽掉空氣的2個銅製半球，
即使用16匹馬來拉，
也不會分離。
大氣壓
銅製半球

「馬德堡半球」實驗說明圖

驗，吸引了大批人潮前來觀看。

實驗內容是將兩只尺寸相同、巨大且中空（裡頭沒有任何東西）的銅製半球密合在一起，用真空幫浦抽掉內部空氣後，兩邊各繫上八匹馬。格里克一聲令下，要馬匹從相反的方向拉扯半球，但不論再怎麼鞭策馬匹，兩只半球依然緊緊相連。解開馬匹後，格里克鬆開半球上的握桿，空氣「咻」地一聲進入球內，相連的半球很自然地便一分為二。

兩只密合、內部為真空的半球，外在所承受的大氣壓重量，每一平方公分約為一公斤（一平方公尺約十噸）。就是因為壓力這麼大，即使用了十六匹馬去拉，球體也不會分離。

拉瓦節的元素表

有「近代化學之父」之稱的法國化學家拉瓦節（Antoine Lavoisier），在一七八九年出版了著作《化學基本論述》。

書中收錄了拉瓦節製作的元素表。書中舉出的三十三種元素當中，包含氧化鎂和石灰（氧化鈣）在內，但有八種後來證明是化合物。

以現在的眼光來看，拉瓦節這份元素表最大的謬誤，在於將「熱」（熱質）和「光」當成元素。元素的「熱」雖然沒有重量，但是和液體、氣體一樣都會活動，所以拉瓦節誤以爲氧氣是氧和熱組成的化合物，後來才有物理學家證明熱和光並不是元素。

當時，原子論正漸漸爲大眾所接受。例如在一六六一年，波以耳（Robert Boyle）發展出**微粒論**（波以耳自己的原子論），**認爲物質是由小又硬、物理**

分類	元素
普遍存在的元素	光、熱、氧、氫、氮
非金屬元素	硫、磷、碳、鹽酸根、氟酸根、硼酸根
非金屬元素	銻、銀、砷、鉍、鈷、銅、錫、鐵、鉬、鎳、金、鉑、鉛、鋅、錳、鎢、汞
土狀元素	石灰（氧化鈣）、苦土、重土（氧化鋇）、礬土、矽土

拉瓦節的元素表

上無法分割的微粒所組成。他認爲自己這項「各種化學反應都起因於微小粒子運動」的主張，比亞里斯多德的四性質說更爲完善。

以前，我曾參加過拉瓦節著作《化學基本論述》舊英譯版的導讀會，當時印象最深刻的就是聽到「particle」（粒子）這個詞。或許，拉瓦節也深受波以耳的原子論影響吧。

道耳吞的原子論

課本上只要出現和原子相關內容，必定會提到英國化學家道耳吞（John Dalton）的名字。

他大半輩子都只是一名學校教師。因提

倡「能量守恆定律」而聞名的英國物理學家焦耳（James Prescott Joule），就是在他門下學習的學生之一。道耳吞終生未婚，靠著教授學童科學和數學維持生計，過著樸實無華的生活。

他自己製作氣象觀測工具，每天記錄氣壓和氣溫，持續到他臨終前，長達五十六年。想必他非常喜歡做這件事，也因爲觀測氣象的經驗，才讓他開始思考大氣和氣體的現象。

「密度不同的氧和氮，爲什麼在不同的高度下，混合的比例還是一樣？」

這是當時科學界的一大謎團。

就一般的認知來說，大氣（包覆地球的氣層）底部應該是密度較大的氧氣，密度稍微小一點的氮氣層應該在它上面才對。但事實上，不論在大氣的哪個高度，這些氣體的混合比例都是相同的，卻沒有人知道該怎麼解釋這種現象。

艾薩克・牛頓（Isaac Newton）在著作《自然哲學的數學原理》裡寫道，氣體是由微小粒子——也就是原子所組成的，只要這些微粒彼此一靠近，就會互相彈開。這種想法大大影響了波以耳。

不過，當時的主流說法認爲，物質是一種連續性的存在，結合在一起的元素遍布其中，並非由原子這種無法再分割的單元所構成；對氣體的看法當然也是一樣。

道耳吞嘗試引用牛頓的理論來說明其中的原理。如同拉瓦節將熱視爲一種元素，道耳吞是「熱質說」的堅定支持者——熱環繞在原子四周，當原子彼此靠近時，就會導致它們互相彈開。

他從這裡想到：雖然氧和氮都是原子所組成，但它們的原子大小應該不一樣。原子的尺寸大小，包括了中心的堅硬粒子和圍繞四周的熱質在內。在成分單一的氣體內，由於每個原子的大小都相同，所以熱質彼此是緊密貼合並靜止不動的。

道耳吞認爲，當兩種氣體混合後，由於各氣體原子大小不同，所以熱質無法密合靜止，四處擴散的結果，最後就會變成均勻的混合氣體。

於是，他提出**「原子依種類不同而有一定大小」**的假說，除此之外，他還想解答原子的相對質量。所謂的相對質量，以重量最輕的氣體氫氣爲例，假設氫原子的質量爲「一」，那麼氧和氮都各自具備了好幾倍於氫的質量；換言之，即是求出現在所說的「原子量」。大致而言，原子量就是將最輕的氫原子重量設爲「一」，思考目標原子的重量是氫原子的幾倍。

組成水的氫與氧的質量比爲一比八。因爲道耳吞不知道分別需要多少氫原子和氧原子結合，才會形成水，所以他假設原子數的比例是一比一（依最簡原則）❶。如果氫原子的質量是一，氧原子就是八，也就是說氫的原子量爲一、氧爲八。

從現代的化學知識來看，氫的原子量是一，氧是十六，所以道耳吞的理論有誤，因爲他是以簡約原則做出的假設。

多次口頭發表自己的理論後，道耳吞在一八〇五年發表的〈論水及其他液體對氣體的吸收〉論文中，提出了原子量的概念。

後來，他也將與化學相關的學說整理成《化學哲學的新體系》一書，書中收錄了關於原子量的論述。在當時的化學界，還有一位法國化學家約瑟夫・普魯斯特（Joseph Proust）發表了「定比定律」（所有化合物其組成的元素比都是定值。也稱爲「定組成定律」），這項定律成爲道耳吞原子論的強力後援。比方說，「水」組成中，氫和氧的質量比爲一比八，意思就是不論是哪裡的水，氫原子和氧原子都會以固定的比例結合。

除外，道耳吞還發現，若兩種元素可以生成兩種或以上的化合物時，其中一元素的質量固定，另一種元素的質量則會呈簡單整數比的「倍比定律」（道耳吞定律）。只要具備

「物質是由原子構成」的思維，就能輕易理解這項定律。舉一氧化碳（CO）和二氧化碳（CO_2）爲例，這兩種化合物的氧質量比爲一比二。

道耳吞的原子論不只復興了古希臘的原子論，並有更進一步的發展：

- 萬物皆由原子所組成。
- 原子不生不滅，無法再分解。
- 原子有許多種類，每種原子的質量皆固定不變。同種類原子集合所形成的物質稱爲「單質」，不同種類的原子以一定比例集合所形成的物質稱爲「化合物」。
- 化學變化終歸是原子的組合變化。

但儘管道耳吞提出了原子量表，卻沒能破解正確的原子量；而當時無法透過實驗證明的假設「最簡原則」也大受撻伐。他的成就（儘管關於原子量的數據不夠充足）在於發現在化

---

❶這是道耳吞所提出的「最簡原則」（rule of greatest simplicity），認為兩種原子結合時，會遵循最簡單的組合模式，如果兩種原子只有一種結合方式，那兩者的比例必然是一比一。

學研究中，探索原子量的重要性。他創造了一個契機，使原子量的研究得以往後推展，長達數百年。

分子概念的確立

「氧氣和氫氣的分子式是O、H，還是O_2、H_2？水的分子是HO，還是H_2O？」

這個問題令當時眾多化學家頭痛不已。如果找不到解答，便無法決定正確的原子量。

現代人已經知道，氧氣、氫氣和水的分子式是O_2、H_2和H_2O，所以可能有人會認爲「這種常識有什麼好煩惱的」，但這個問題直到道耳吞提出原子論之後約半個世紀，才終於獲得解決。

求出正確原子量的方法，在義大利化學家亞佛加厥（Amedeo Avogadro）發表了「氫、氧等氣體是由兩個原子結合的分子所構成」後，才有了大幅進展。

之後，**分子**便成爲**由原子結合成的物質之基本組成單位**。比方說，氧氣是O_2，氫氣是H_2，氮氣是N_2，氯是Cl_2，它們都是由兩個原子所結合的分子構成。至於二氧化碳（CO_2），則是由一個碳原子和兩個氧原子結合的分子；水（H_2O）則是由兩個氫原子和一個氧原子結合成的分子。

分子的存在終獲證明

根據原子量製作出週期表後，原子論逐漸受到廣大科學家的支持，但仍有部分科學家主張，原子和分子的存在只是一種假說。最好不要浪費時間思考這種無從得知眞相的東西。到了二十世紀初，原子和分子是否眞實存在，不但是化學的一大謎題，也是學者熱衷探討的議題。

最後改變這個狀況的，是法國物理學家尚・佩蘭（Jean Perrin）和德國物理學家愛因斯坦提出的**布朗**

運動理論。

讓大約一微米（千分之一公厘）的微粒浮在水之類的介質上，它們就會進行極其輕微的不規則運動（可用兩百倍的顯微鏡觀察到）。這就是「布朗運動」。

一八二八年，英國植物學家羅伯特・布朗（Robert Brown）發現了粒子的不規則運動，並發表論文〈論植物花粉內的粒子〉。花粉一旦浸了水，就會吸收水分並迸裂開來。這時，他以顯微鏡觀察從花粉裡釋出的微粒，結果看見這些粒子會四處游動。由於觀察的是花粉中所含的微粒，所以一開始布朗還以為這是生命活動造成的現象，直到他觀察到，每個粒子都在進行相同的運動，才推翻了原本的認知。

同時，布朗還提出了這樣的論點：水分子也會劇烈運動（只是不像氣體這麼明顯）。粒子和水分子從各個方向互相碰撞，由於雙方施力並不平均，因此，粒子一往前推，就會被壓回來，呈現不規則運動。

曾任職於瑞士專利局的愛因斯坦，在一九〇五年、二十六歲那年發表了三篇革命性的論文，內容分別是「光量子假說與光電效應」「布朗運動理論」和「狹義相對論」。其中關於布朗運動理論的論文，標題是〈關於懸浮於靜止液體中的粒子運動，熱的分子動力學理論要求〉，談到粒子的重量和大小不同，產生不規則運動的方式也會不同。

在那之後，法國的佩蘭做了精密的布朗運動實驗。針對「水分子會運動」這項理論的計算結果，與實驗完全吻合。顯微鏡下可以觀察到的粒子運動，呈現的正是水分子的劇烈運動。

長年來，科學家之間對於「原子和分子是否存在」的問題始終持續爭論不休，現在終於畫下了句點，大家開始相信原子和分子真的存在。這正是愛因斯坦所留下的偉大功績之一。

理應不會再分解的原子分解了？

從十九世紀末到二十世紀初，陸續出現了顛覆過往自然科學常識（例如「原子是無法再分割的物質最小

單位」等）的物理學新發現。

首先是德國的威廉・倫琴（Wilhelm Röntgen）在一八九五年發現了X射線，後來法國的亨利・貝克勒（Henri Becquerel）在一八九六年發現了放射性現象；瑪麗・居禮（Maria Skłodowska-Curie）在一八九八年陸續發現了釷、釙和鐳這三種放射性元素。

另外，英國的物理學家湯姆森（Joseph Thomson）在一八九七年發現了電子，而德國的蒲朗克（Max Planck）在一九〇〇年發表了量子論，前面也提到，愛因斯坦在一九〇五年發表了包括狹義相對論在內的三篇論文。

有一天，貝克勒將包著黑紙的感光底片和鈾化合物放進同一個抽屜裡，幾天後打開來看，發現底片居然感光顯影了。貝克勒這才發現鈾化合物可發出足以穿透黑紙、類似X光線一樣不可見的放射線。

瑪麗・居禮創造了一個新字「radioactivity」，用來指稱鈾等物質發出放射線的能力，也就是一般所說的**「放射性」**。她選擇鈾化合物和釷化合物做爲博士論文題目，指出釷也具有放射性。此外，從瀝青鈾礦所具有的強烈放射性，她推測其中應該含有放射性比鈾更強的元素，於是發現了釙；並與丈夫皮耶共同發現了鐳。

她之所以能從四噸重的礦物當中，提煉出含量只有〇・三公克的鐳，以及含量比鐳更少的釙，全都是因爲注意到這些元素所釋出的放射線。

釙和鐳等放射性元素，徹底顚覆了原子「無法再分割、不生不滅」的傳統知識。因爲釙會放射出氦原子，並變成其他元素（專有名詞爲「衰變」），所以過去「原子絕不會毀壞」的觀點便說不通了。

原子內部一片空蕩蕩

十九世紀末，英國物理學家湯姆森正在研究眞空放電時，從陰極（負極）釋出的陰極射線：先將裝設有金屬電極的玻璃管內製造出接近眞空的狀態，對電極施加高電壓，陽極（正極）周圍的玻璃管就會發光。因此他認爲，陰極的金屬會放射出「某些東西」，這就是陰極射線。

實驗結果顯示，施加電壓後，射線會在靠近陽極時產生向下的偏移，湯姆森從這裡發現，陰極射線是帶有負電荷（電荷是所有電子現象的根源）的電子流動造成的現象。另外，實驗結果還顯示，即使更換陰極的金屬種類，一樣會產生陰極射線，於是發現所有原子中都含有「電子」。

英國曼徹斯特大學的拉塞福（Ernest Rutherford）等人，發表了關於原子內部更驚人的研究結果。一九〇九年，歐內斯特・馬斯登（Ernest Marsden）和漢斯・蓋革（Hans Geiger）在拉塞福的指導下，將鐳放入鉛塊裡，在真空環境下，從面朝單一方向的小孔中，朝著很薄的金箔發射「α粒子」（氦的原子核，帶正電荷）。在這張厚度兩萬分之一公分的金箔裡，緊密排列著約一千排金原子。

大部分的α粒子都撞到了設置在金箔後面的螢光板並發亮，這代表α粒子可以往前穿透物體內部。但大約每兩千個α粒子中，就會有一個好像撞到了什麼似的，以非常歪斜的角度飛出去。

拉塞福便根據這個實驗結果，推測**原子內部其實**

是一片空蕩蕩的，中心有個會與 α 粒子互斥、擁有正電荷的原子核，而它的體積比原子整體要小上許多。此外，也建立了電子環繞著原子核的「原子模型」。

到了一九三二年，英國物理學家詹姆斯．查兌克（James Chadwick），證明了原子核是由帶正電荷的質子與電中性的中子所構成的。

原子核內的質子數量依元素而定，這個數字就是「原子序」。由於電子的質量輕到可以忽略的程度，所以原子的質量幾乎是由質子和中子決定的，它們的數量總和就稱爲「質量數」。

以下是關於原子的基本知識：

- 原子的直徑約爲一億分之一公分。
- 原子核的直徑只有原子直徑的十萬分之一到一萬分之一左右。如果把原子剖面想像成一座直徑一百公尺的操場，那麼原子核的大小約跟一粒米差不多。
- 原子核是帶正電的質子與電中性的中子所構成。
- 原子四周的電子非常微小，以質量來看的話，只有氫原子核的約一千八百分之一，所以原子的質量幾乎等於原子核（質子加中子）的質量。

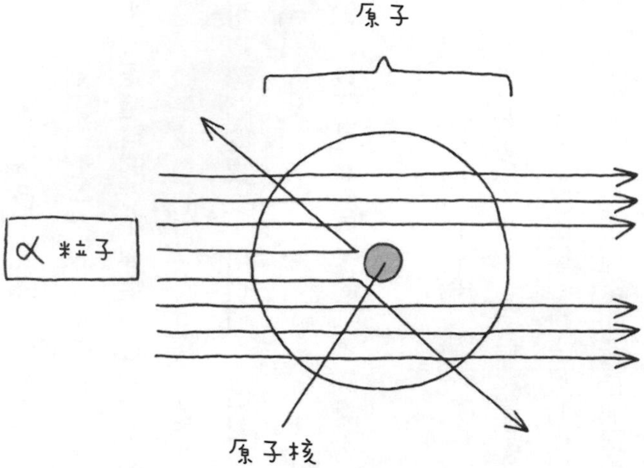

拉塞福的散射實驗

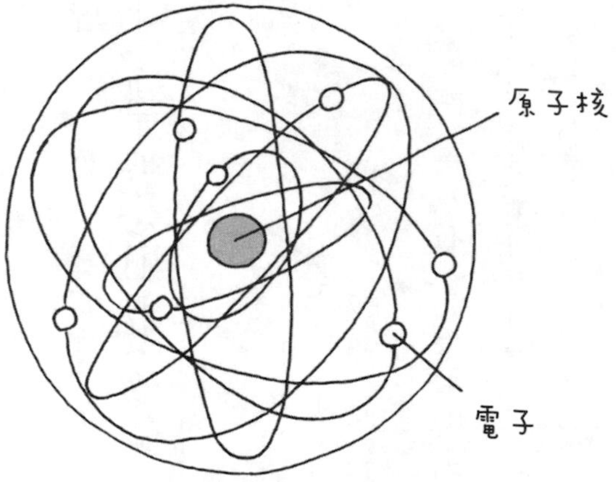

拉塞福的原子模型

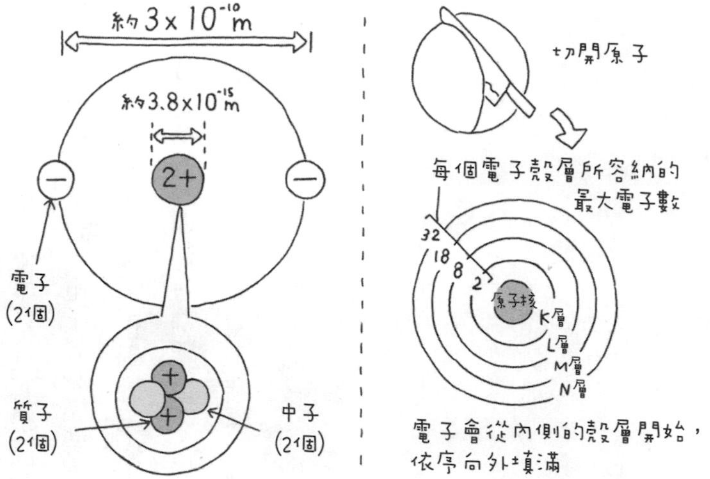

氦原子內部與電子殼層模型

・電子活動的空間就像年輪蛋糕或洋蔥一樣，在原子核的周圍呈層狀構造，每個空間（電子殼層）裡所能容納的電子數量是固定的。說得詳細一點，電子並非任意分布在原子核的周圍，而是分散在電子殼層內。殼層由內往外依序稱爲K層、L層、M層……等等，各層自有能容納的電子數，像是K層最多容納兩個、L層最多八個、M層最多十八個電子。

現在描述電子時，已不再說它循著一定的軌道運行，而是認爲它在原子內遊走；所呈現出來的模型，是以**濃淡疏**

密來反映電子存在機率高低的「電子雲」。

但這樣一來，電子不就有很高的機率會重疊嗎？不過電子殼層會因應這種狀況，因此就某種程度來說，電子殼層模型確實反映出原子的實際狀態。

如〈前言〉所述，化學的三大支柱是物質的結構、性質與化學反應。物質的結構，指的就是物質內部是有哪些原子、以什麼方式結合，以及建立三維空間配置的方式。

確立原子論、探索原子結構的歷史，逐漸鞏固了化學反應的設計圖。化學的知識也才得以應用於工業、農業、醫學等所有層面。

第 3 章

列張週期表，

讓元素照位子坐好

元素週期表

10族	11族	12族	13族	14族	15族	16族	17族	18族
								2 He 氦 Helium 4.003
			5 B 硼 Boron 10.81	6 C 碳 Carbon 12.01	7 N 氮 Nitrogen 14.01	8 O 氧 Oxygen 16.00	9 F 氟 Fluorine 19.00	10 Ne 氖 Neon 20.18
			13 Al 鋁 Aluminium 26.98	14 Si 矽 Silicon 28.09	15 P 磷 Phosphorus 30.97	16 S 硫 Sulfur 32.07	17 Cl 氯 Chlorine 35.45	18 Ar 氬 Argon 39.95
28 Ni 鎳 Nickel 58.69	29 Cu 銅 Copper 63.55	30 Zn 鋅 Zinc 65.38	31 Ga 鎵 Gallium 69.72	32 Ge 鍺 Germanium 72.63	33 As 砷 Arsenic 74.92	34 Se 硒 Selenium 78.96	35 Br 溴 Bromine 79.90	36 Kr 氪 Krypton 83.80
46 Pd 鈀 Palladium 106.4	47 Ag 銀 Silver 107.9	48 Cd 鎘 Cadmium 112.4	49 In 銦 Indium 114.8	50 Sn 錫 Tin 118.7	51 Sb 銻 Antimony 121.8	52 Te 碲 Tellurium 127.6	53 I 碘 Iodine 126.9	54 Xe 氙 Xenon 131.3
78 Pt 鉑 Platinum 195.1	79 Au 金 Gold 197.0	80 Hg 汞 Mercury 200.6	81 Tl 鉈 Thallium 204.4	82 Pb 鉛 Lead 207.2	83 Bi 鉍 Bismuth 209.0	84 Po 釙 Polonium (210)	85 At 砈 Astatine (210)	86 Rn 氡 Radon (222)
110 Ds 鐽 Darmstadtium (281)	111 Rg 錀 Roentgenium (280)	112 Cn 鎶 Copernicium (285)	113 Nh 鉨 Nihonium (286)	114 Fl 鈇 Flerovium (289)	115 Mc 鏌 Moscovium (289)	116 Lv 鉝 Livermorium (293)	117 Ts 鿬 Tennessine (294)	118 Og 鿫 Oganesson (294)

63 Eu 銪 Europium 152.0	64 Gd 釓 Gadolinium 157.3	65 Tb 鋱 Terbium 158.9	66 Dy 鏑 Dysprosium 162.5	67 Ho 鈥 Holmium 164.9	68 Er 鉺 Erbium 167.3	69 Tm 銩 Thulium 168.9	70 Yb 鐿 Ytterbium 173.1	71 Lu 鎦 Lutetium 175.0
95 Am 鋂 Americium (243)	96 Cm 鋦 Curium (247)	97 Bk 鉳 Berkelium (247)	98 Cf 鉲 Californium (252)	99 Es 鑀 Einsteinium (252)	100 Fm 鐨 Fermium (257)	101 Md 鍆 Mendelevium (258)	102 No 鍩 Nobelium (259)	103 Lr 鐒 Lawrencium (262)

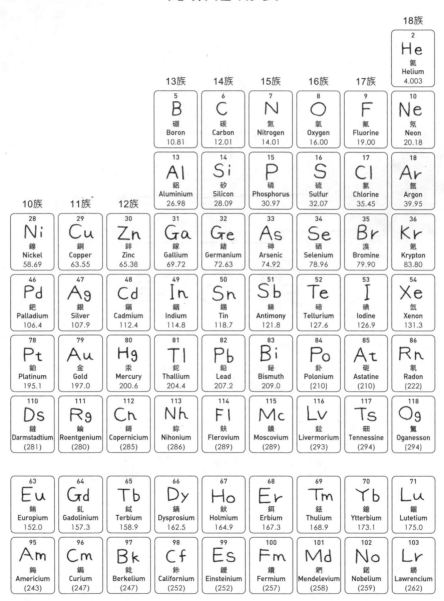

	1族	2族	3族	4族	5族	6族	7族	8族	9族
第1週期	1 H 氫 Hydrogen 1.008								
第2週期	3 Li 鋰 Lithium 6.941	4 Be 鈹 Beryllium 9.012							
第3週期	11 Na 鈉 Sodium 22.99	12 Mg 鎂 Magnesium 24.31							
第4週期	19 K 鉀 Potassium 39.10	20 Ca 鈣 Calcium 40.08	21 Sc 鈧 Scandium 44.96	22 Ti 鈦 Titanium 47.87	23 V 釩 Vanadium 50.94	24 Cr 鉻 Chromium 52.00	25 Mn 錳 Manganese 54.94	26 Fe 鐵 Iron 55.85	27 Co 鈷 Cobalt 58.93
第5週期	37 Rb 銣 Rubidium 85.47	38 Sr 鍶 Strontium 87.62	39 Y 釔 Yttrium 88.91	40 Zr 鋯 Zirconium 91.22	41 Nb 鈮 Niobium 92.91	42 Mo 鉬 Molybdenum 95.96	43 Tc 鎝 Technetium (99)	44 Ru 釕 Ruthenium 101.1	45 Rh 銠 Rhodium 102.9
第6週期	55 Cs 銫 Caesium 132.9	56 Ba 鋇 Barium 137.3	57~71 鑭系 元素 lanthanoid	72 Hf 鉿 Hafnium 178.5	73 Ta 鉭 Tantalum 180.9	74 W 鎢 Tungsten 183.8	75 Re 錸 Rhenium 186.2	76 Os 鋨 Osmium 190.2	77 Ir 銥 Iridium 192.2
第7週期	87 Fr 鍅 Francium (223)	88 Ra 鐳 Radium (226)	89~103 錒系 元素 Actinoid	104 Rf 鑪 Rutherfordium (267)	105 Db 𨧀 Dubnium (268)	106 Sg 𨭎 Seaborgium (271)	107 Bh 𨨏 Bohrium (272)	108 Hs 𨭆 Hassium (277)	109 Mt 䥑 Meitnerium (276)

57 La 鑭 Lanthanum 138.9	58 Ce 鈰 Cerium 140.1	59 Pr 鐠 Praseodymium 140.9	60 Nd 釹 Neodymium 144.2	61 Pm 鉕 Promethium (145)	62 Sm 釤 Samarium 150.4
89 Ac 錒 Actinium (227)	90 Th 釷 Thorium (232.0)	91 Pa 鏷 Protactinium 231.0	92 U 鈾 Uranium 238.0	93 Np 錼 Neptunium (237)	94 Pu 鈽 Plutonium (239)

1 — 原子序
H — 元素符號
氫 — 元素名
Hydrogen — 元素名(英文)
1.008 — 原子量

※沒有穩定的同位素，或是同位素之天然存在比不固定的元素，會在( )內標示出該元素具代表性的同位素質量數。

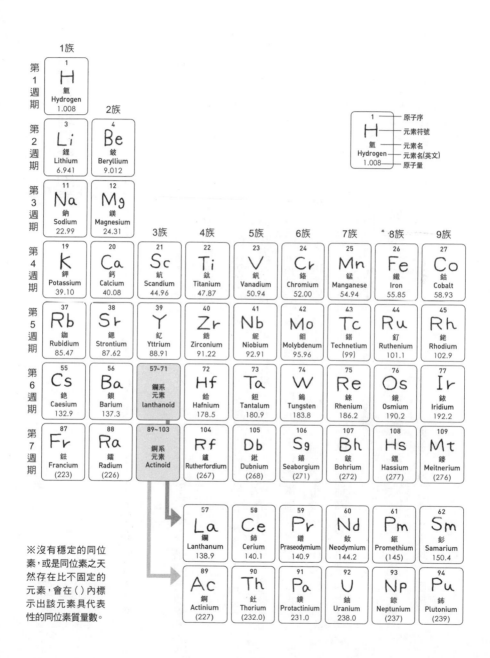

元素的發現與週期表

這一章開頭的兩頁是元素週期表。這份週期表究竟累積了多少化學家的研究，才終於完成？

十八世紀時，藉由義大利物理學家亞歷山卓·伏打（Alessandro Volta）所發明的電池電解法和光譜分析法，陸續發現了許多新元素。

光譜分析法是一項劃時代的技術。針對非單一元素組成的純物質（無法以普通的物理方法分離的物質），即使其中某種元素的含量很低，也能分析出來。方法是用火加熱待測物質，讓它所發出的光通過裝有稜鏡的光譜儀，經稜鏡折射後，就能觀測到光譜，並區分出不同波長的光。這些光是由不連續的亮線所組成，類似於不同元素專屬的「指紋」。

這趟延續自古希臘的新元素探索之旅，隨著週期表的問世而達到巔峰。這是因爲隨著元素的原子量增加，這些相似的元素性質得以體系化的緣故。

拉瓦節發表了元素表後，後世陸續又發現了新元素，直到一八六九年，俄羅斯化學家門得列夫（Dmitri Mendeleev）發表「元素週期表」時，已有六十三種元素被發現。由於已經發現了這麼多種元素，因此當時的化學家開始思考，元素之間究竟有沒有什麼關聯，並試著將它們分類。

門得列夫之前的化學家，認爲性質相似的元素會像鹵素、鹼金屬和鉑系元素❷那樣成群存在；或是將化學性質相近的元素以三個爲一組歸類爲「三元群」（triaden），包括「氯、溴、碘」「鈣、鍶、鋇」「硫、硒、碲」這三組。

另外，英國的業餘化學家約翰．紐蘭茲（John Newlands），按原子量大小依序將元素排成七列，如同鋼琴鍵盤的八度音程，提出「八音律法」，主張不論哪個元素做爲第一個，第八個元素的性質必定與第一個相似。用現在的眼光來看，這個概念根本領先時代數百年，但在當時卻被諷爲荒誕無稽的笑話。紐蘭茲非常氣餒，失去捍衛自身思想的勇氣，從此離開化學界。只能

❷鹵素包括：氟、氯、溴、碘（其實還有砈，但砈為人造元素，所以當時的鹵素只有四種）；鹼金屬包括：鋰、鈉、鉀、銣、銫、鍅；鉑系元素則包括：釕、銠、鈀、鉑、銥、鋨。

說，無論在什麼時代，先知總是難以獲得大眾的理解。

門德列夫的預測成真

在聖彼得堡大學教授化學，並為此開始撰寫授課用教科書的門得列夫，對體系化處理元素的理論產生了興趣。他先將氮族元素（週期表中直排的元素稱為「族」）、氧族元素和鹵素按原子量大小排列。

起初，他最重視的是原子的「化合價」（valence，也稱原子價，或直接稱「價」），指的是某種原子能和其他原子結合的數量，在課堂上經常簡單解釋成「有幾隻手」。舉例來說，以氫為標準，假設與一個氫原子結合的化合價為一，那麼與兩個氫原子結合的化合價就是二。例如一個氧原子可以和兩個氫原子結合，化合價就是二。

因此，門得列夫便排列出一價的氫、二價的氧、三價的氮、四價的碳……最後是一價的鹵素。

接著，他準備了許多小卡，一張卡片寫上一種元素的原子量、名稱和化學性質，依

（1871年）

族／列	I	II	III	IV	V	VI	VII	VIII
1	H							
2	Li	Be	B	C	N	O	F	
3	Na	Mg	Al	Si	P	S	Cl	
4	K	Ca	□	Ti	V	Cr	Mn	Fe Co Ni Cu
5	(Cu)	Zn	□	□	As	Se	Br	
6	Rb	Sr	Y	Zr	Nb	Mo	–	Ru Rh Pd Ag
7	(Ag)	Cd	In	Sn	Sb	Te	I	
8	Cs	Ba	La	Ce	–	–	–	------
9	–	–	–	–	–	–	–	
10	–	–	–	–	Ta	W	–	Os Ir Pt Au
11	(Au)	Hg	Tl	Pb	Bi	–	–	
12	–	–	–	Th	–	U	–	------

門德列夫在週期表各處留下了空欄(□部分)，
假設那裡有尚未發現的元素，並預測了其性質。

原子量由小到大、從左至右排列，再將化合價相同的元素由上至下排列，排列成好幾層，這就是元素週期表最早的形式。一八七一年，門得列夫將這份表格投稿至德國化學家尤斯圖斯．馮．李比希（Justus Freiherr von Liebig）主編的期刊《化學紀事》，並獲得刊登。

根據門得列夫預測，還有很多元素尚未發現，於是在週期表內預留了三個空格，給這些未來可能發現的元素，還特別詳細解釋了這三種元素的性質。

這些空欄分別位於硼（B）、鋁（Al）、矽（Si）的下方。他引用梵語中意指「一」的字首「eka」，分別將它們命名爲eka-boron、eka-aluminium和eka-silicon（中譯爲「類硼」「類鋁」「類矽」）。

一八七五年，法國化學家保羅．德．布瓦博德蘭（Paul de Boisbaudran），用自己研發的光譜分析法發現了新元素，命名爲鎵。門得列夫認爲，鎵就是他所預測的「類鋁」，並聲稱布瓦博德蘭發表的鎵密度有誤。事實上，鎵的性質與門得列夫預測的類鋁完全符合，而發現者布瓦博德蘭後來也重新測量密度，才得出與類鋁非常相近的數據。之後，又陸續發現了鈧、鍺等元素，其性質也幾乎與門得列夫預測的類硼、類矽相同。

門得列夫剛發表元素週期表時，許多化學家對此不以爲意；但隨著他的預測逐一獲得證實，化學界才終於肯定了週期表的價值，而週期表也成功達到了探索新元素、調查元素關係的「地圖」任務。

惰性氣體表示：我就懶！

週期表最右排、第十八族的氦、氖、氬、氪、氙、氡、氭這七種元素，稱做「惰性氣體」（參照本章開頭的元素週期表）。過去因爲它們非常罕見——也就是在大氣和地殼的含量非常少，因此又稱爲稀有氣體；唯一的例外是氬，它在空氣中的含量約有一%，遠比二氧化碳要多。

一八九二年，男爵瑞利三世（約翰・威廉・斯特拉特，John William Strutt）發現，從空氣中除氧後所得到的一公升氮，與分解氮化合物所得的一公升氮，兩者質量有非常微小（約〇・五%）的差異。

後來，威廉・拉姆齊（William Ramsay）與瑞利合作，展開關於氣體密度的實驗。他先將從空氣中分離出來的氮，用鎂合成氮化鎂，卻發現無論怎麼做，就是會有些氣體並沒有和鎂化合。調查後，發現這種氣體與過去已知的任何元素性質都不相符。一八九四年，兩人宣布發現了「氬」（Argon），取自希臘語「無作爲、懶人」的意思，因爲它的化學性質非常不活潑，一直靜靜躲藏在空氣裡。

拉姆齊後來又陸續發現了氖、氪和氙，還從鈾礦中分離出依據太陽光譜推測可能存在的氦。

一九〇四年，拉姆齊因爲「發現空氣中的惰性氣體，並決定其在化學週期的位置」而獲得諾貝爾化學獎；同一屆的諾貝爾物理學獎，則是由「研究氣體密度，並從中發現氬」的瑞利獲得。

當初門得列夫也預測出惰性氣體具有「無法製成化合物」的共通性（但這一點後來被推翻），在週期表上自成一族。從原子量來看，它位於鹵素和鹼金屬之間。就這樣，惰性氣體在週期表上擁有自己的一席之地。

週期表因此變得更容易理解了，容易形成陰離子的鹵素，後面接著不易形成離子的惰性氣體，接下來則是容易形成陽離子的鹼金屬——「離子」指的是帶有電荷的原子（原子團）。

同位素到底算不算同一種元素？

無論用什麼化學方法，都無法再將標的物分解成兩種以上物質時，代表此種物質是由元素所組成的。比如水，可以用電解法分解出氫和氧，所以水並不是元素；但氫和氧無法再分解成其他物質，所以它們都是元素——元素就是這樣根據實驗來定義的。

沒想到，後來卻出現「原以爲無法分離的物質竟能再分解」的狀況，這是因爲其中含有同位素的緣故。所謂的**同位素，指的是雖屬同一種元素，但質量數不同的原子**。

由於元素與其同位素的質子數和電子數相同，所以化學性質也相同。在標示上，會在元素名稱後面加上質量數，以區別同位素，像是「鈾二三五」或「鈾二三八」。

以氫爲例，其中包含了一般的氫（普通氫，或稱輕氫）和重氫。雖然也有超重氫（氚），不過它在大自然中的含量非常少，所以這邊姑且不討論。這兩種氫都有一個電子和一個質子，但重氫卻比輕氫多了一個中子。

它們在週期表中都歸類爲「氫」。也就是說，雖然它們的原子序都一樣，但事實上包含了好幾種原子核不同的元素——裡頭的中子數不同，這就是同位素。

水又分爲由輕氫和氧組成的「輕水」（即一般的水），以及由重氫和氧組成的「重水」。我們所喝的水大多數都是輕水，其中僅混有微量重水：每一噸的水約含有一六〇公克的重水。將普通的水電解後，由於輕水較容易分解，可以藉此與重水分離，並取得輕氫和重氫。但如果從前面以實驗定義元素的角度來看，輕氫和重氫應該算是兩種不同

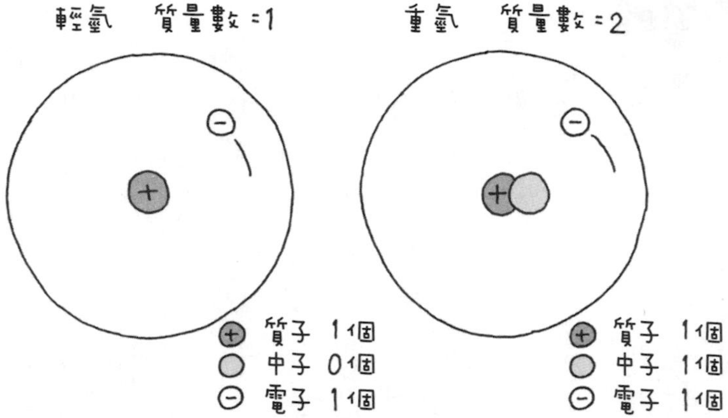

輕氫與重氫

的元素才對；換言之，**隨著實驗技術進步，難免會發生「化學性質幾乎相同，卻又必須視爲不同元素」的狀況**，令人傷透腦筋。

因此，美國化學家鮑林（Linus Pauling）提出了新的元素定義，也就是依**質子數**區分原子種類。將此定義套用在前面提到的狀況，就能理解「輕氫和重氫都屬於氫元素」。自從鮑林在一九五九年將這個定義寫進《普通化學》教科書後，便廣爲化學家所接受。

現在的週期表

現在的週期表並不是依照原子量排序，而是依原子序（即質子數），且目前已知的元素有一一八種。

天然存在於地球的元素中，原子序最大的元素，是九二的鈾。原子序九三以上的元素（也稱「超鈾元素」）和四三的鎝並不存在於大自然，都是人工合成的，而現在的科學家，也以合成新元素爲目標持續研究。

週期表中，縱向稱爲「族」，由左到右依序從第一族到第十八族；橫向稱爲「週期」，由上而下依序是第一週期到第七週期。第一週期只有氫和氦這兩種，第二和第三週期則分別有八種元素（參照本章最前面的週期表）。

這些天然存在的九十多種元素裡，約有八成都是金屬元素，其他則是非金屬元素；位於兩者分界線附近的硼、矽、鍺、砷等元素，由於具備介於金屬與非金屬的性質，因此又稱爲半金屬或類金屬，也大多擁有半導體的特性。

週期表兩側的第一族、第二族，和第十二族到第十八族的元素稱爲主族元素（或典型元素），凡是同族元素，其化學性質都非常相似。

比方說，除了氫以外，任何第一族元素都是輕金屬，遇水都會產生反應、生成氫。這些元素稱爲**鹼金屬**，它們最外層的電子（離原子核最遠的）只有一個，這樣的電子擁有非常容易與其他原子分享、形成一價陽離子（帶正電的離子）的性質。第二族元素也稱爲**鹼土金屬**，最外層電子有兩個；和第一族類似，它們也很容易跟其他元素分享電子、形成二價陽離子。

至於第十七族的元素稱爲鹵素，最外層電子都有七個，它們就非常傾向於獲得其他原子分享的電子、形成陰離子（帶負電的離子）。

物質分為三大類

世界上的物質大致可分爲三類，分別是**金屬**、**離子化合物和分子化合物**。以前的人認爲，所有物質都是由原子集合所形成的分子構成，後來才發現，例如金屬和氯化鈉等物質，都不是由分子組成的。

金屬原子會釋放出電子、形成陽離子；離子團裡則有自由電子（不屬於任何原子、可自由

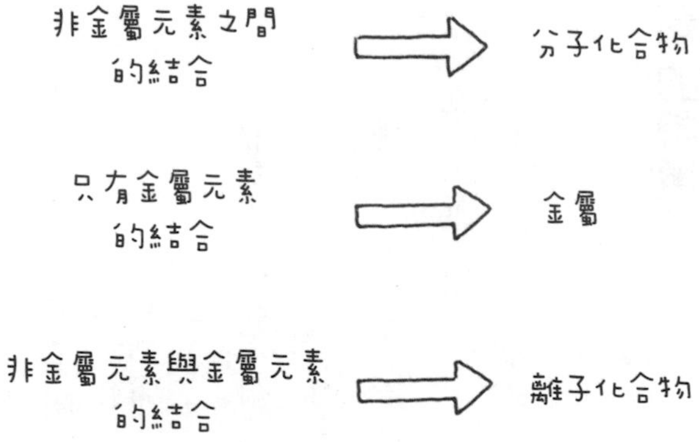

非金屬元素、金屬元素與三大類物質的關係

活動的電子）四處徘徊。

離子化合物是由陽離子和陰離子透過靜電力結合而成，例如氯化鈉、氫氧化鈉、硫酸鈉、碳酸鈣等等。

分子化合物是由非金屬元素的分子所組成的化合物。一般來說，分子都是由多個原子結合而成的，不過也有像惰性氣體（例如氦）這樣，一個原子就能形成物質的單原子分子。分子化合物的種類繁多，像是氫、氧等氣體、乙醇之類的液體，或蔗糖等固體。這三大類物質再加上無機高分子化合物和有機高分子化合物，也可算成五大類。

舉例來說，由碳原子所構成的鑽石，以及二氧化矽等都屬於無機高分子化合物，它們所形成的固體（晶體）本身，就是一個巨大的分子。有機高分子化合物則有蛋白質、纖維素、橡膠、合成纖維、尼龍、聚乙烯、聚氯乙烯等，它們都是以碳原子爲結構中心的巨大分子。

首先，我們來看看金屬元素和非金屬元素。只要知道物質是由哪種元素構成的，就能大致區分它屬於三大物質（金屬、離子化合物、分子化合物）的哪一類。

- 金屬是由金屬元素組成，其固態爲金屬晶體。
- 離子化合物是由金屬元素和非金屬元素結合而成的（但是有例外）。金屬元素會形成陽離子，非金屬元素則會形成陰離子，陽離子和陰離子可透過靜電力結合。其固態爲離子晶體。
- 分子化合物是由非金屬元素結合成的分子所組成，固態爲分子晶體。

金屬的特徵

週期表現有九十多種自然元素當中，金屬元素約占八成。我們可以說，要是沒有金屬，現代文明無法成立，以金屬材料製成的物品更是隨處可見。日常生活中最常用的金屬是鐵，占所有金屬九〇%以上；其次則是鋁和銅。

金屬可做爲材料多元運用的原因，在於它的這些性質：

一、具有金屬光澤（銀色或金色等特殊光澤）
二、導電和導熱性佳
三、可透過敲擊和拉扯塑形
四、可製成合金

第一項的金屬光澤，來自於金屬會反射大多數光線的特性。

第二項的導電和導熱性，可以利用電池和燈泡製成的簡單裝置來驗證，相信大家在國中國小的自然課程裡，應該都做過類似的實驗吧。

第三項稱爲延展性，我們可以做各種加工（例如透過重物延壓金屬塊，製成板狀或棒狀），製作出形形色色的金屬製品。像是金屬線和電線，都是藉由讓金屬材料通過小洞拉伸製成的。如果換成分子或離子化合物，它們只要一敲打後，就會碎成粉末。

至於第四項性質，可以製造出各種新的金屬材料，發揮單一金屬所沒有的新優點。以鏡子爲例，古時候的鏡子，多半是將金屬表面打磨得晶亮的青銅鏡；但現在的鏡子會在玻璃和背後的保護材料之間，加上一層銀製薄膜（在玻璃上鍍銀）。換言之，現在的鏡子仍會利用金屬。順帶一提，純粹的鈣和鋇外觀都是銀白色的，雖然大家普遍都覺得它們是白色的，但那其實是化合物所呈現的顏色。

金屬若製成合金，就有可能做出與各原料性質完全迥異的材料。

比方說，人類長久以來的夢想，就是製造出不會生鏽的鐵；而到了十九世紀末，才終於製造出不需要特別照顧也不會生鏽的金屬「不鏽鋼」，也可以稱爲「不鏽耐酸鋼」。

依所使用原料和比例不同，不鏽鋼可分成許多種類，其中的三〇四不鏽鋼（在鐵裡加入一八％的鉻和八％的鎳）還廣泛用於家庭用品和核能發電設備。

不鏽鋼之所以不會生鏽，是因爲表面有一層非常細緻的氧化鉻膜，可以隔絕空氣和鐵，保護內部不至於生鏽。

合金不只是製造不生鏽的金屬，還能製造出高硬度、高強度、容易加工、具磁性等各種特殊性質的金屬。例如延展性高的鋁，與銅和錳混合後，就會變成一種叫做「杜拉

合金名稱	成分	特徵(使用範例)
青銅	銅、錫	銅錫合金，堅硬且不易生鏽，便宜且易加工 (銅像等美術品、硬幣)
黃銅	銅、鋅	銅鋅合金，具有黃色光澤，堅固又美觀 (樂器、裝飾品)
白銅	銅、鎳	銅鎳合金，不易生鏽 (管線、硬幣)
杜拉鋁	鋁、銅、鎂	主成分為鋁，另含有少量的銅和鎂。輕巧且強度高 (飛機機身)
不鏽鋼	鐵、鉻、鎳	鐵、鉻、鎳的合金，不易生鏽，質地堅硬 (廚房用品)
鎂合金	鎂和 其他金屬	鎂和其他金屬的合金，非常輕巧 (筆記型電腦的機體)

常見的合金

鋁」的鋁合金。由於質輕又堅固，所以飛機的機身多半都是用它製造的。

從自古以來運用的青銅開始，到現在運用的許多實用金屬，合金在我們的生活中，可是相當活躍的呢。

第 4 章

人類表示：已知用火

人類的第一把火？

人類因為用雙腿直立行走，而擁有了一雙空出來的「手」，並因此開始使用工具、運用火焰——人類有可能是目睹火山爆發，或雷擊導致樹木、草原燃燒等自然火災後，才知道有「燃燒」這種自然現象吧。

接著，人類出自好奇心而接近野火，在短暫把玩火苗的過程中，慢慢學會將火做為恆常生活工具；再後來，人類才發現透過木頭互相摩擦、產生火苗的方法。已知用火的人類，將火運用在照明、取暖、烹飪、驅逐猛獸等方面。

話說回來，人類到底是從什麼時候開始用火的呢？

首先，我們來大致看一下人類演化的過程吧。根據考古推測，人類大約始於七百萬年前，大略可分為地猿、南方古猿、直立人、海德堡人、智人等幾個時期。

地猿、南方古猿、直立人、海德堡人、智人，這些用詞一字排開，可能會讓人誤以為人類是從海德堡人演化成智人的，但事實並非如此。實際上，人類的演化並非線性式，而是每個階段都分支成多個物種，不斷經歷榮枯盛衰，就連走向滅亡的過程也不盡相同，非常複雜。

儘管如此，由於地猿、南方古猿等名詞在表示演化的程度上，較易於理解，所以才廣泛被運用，這裡當然也不例外。

- **約七百萬年前～**　地猿時期。一般認爲，地猿屬於非洲黑猩猩的分支，並開始在森林中以雙腿直立行走。犬齒已退化。
- **約四百萬年前～**　南方古猿時期。他們的棲息處漸漸從森林移到草原，可穩定地以直立的雙腿行走。一部分南方古猿的腦容量進化到五百毫升以上，並形成名爲人屬的群體。
- **約兩百萬年前～**　直立人時期。出現在非洲的直立人除了腦容量變大，智能也開始發展，並開始製作正式的工具。起初會吃腐肉，後來才漸漸開始積極狩獵。
- **約六十萬年前～**　海德堡人時期。海德堡人出現在非洲，手、腦和工具使用的協調能力逐漸提升，腦容量也變得更大。對中大型動物的狩獵活動十分普遍。
- **約二十萬年前～**　智人時期（直到現代）。智人出現在非洲。
- **約六萬年前～**　智人（含部分混血）從非洲遷徙至全世界。

演化階段	地猿	南方古猿	直立人	海德堡人	智人
典型物種的學名	Ardipithecus	Australopithecus	Homo erectus	Homo heidelbergensis	Homo sapiens
棲息地帶	草原、林地	草原（林地）	草原	隨處可居	隨處可居
年代	700萬年前	400萬年前	200萬年前	60萬年前	20萬年前

人類大致上的時期畫分

・約一萬年前～　人類開始從事農耕和畜牧。

考古學上發現了許多人類可能已知用火的痕跡，像是在南非斯瓦特科蘭斯洞窟裡，發現了燒過的骨頭，年代距今約一百萬年到一百五十萬年前；東非肯亞契索旺加遺址裡，發現了高溫加熱過、類似篝火用的石塊。只是目前尚未發現確切證據，畢竟這些痕跡也可能是雷擊等自然現象所造成的；要找出人類有意識使用火的證據，實在非常困難。

目前能明確顯示出人類用火的最古老遺跡，是在以色列的蓋謝爾・貝諾特・雅各布（Gesher Benot Ya'aqov）遺址發現的火種（橄欖、

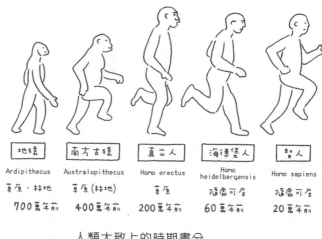

大麥、葡萄）、木材和打火石，時間推測約爲七十五萬年前，屬於直立人時期。遺址內多處都有成堆的打火石，有可能是用來點燃篝火。現場也發現斧頭和骨頭（體長約一公尺的鯉魚之類的），由此可知，當時的人應該是圍著篝火、烤果實和魚來吃吧。

而從尼安德塔人（歸類於海德堡人）生存的時期開始，用火的證據也跟著變多。

生物人類學家理察．藍翰（Richard Wrangham）認爲，既然考古學並沒有明確指出人類最初用火的時期，不如從生物學的觀點來思考（《生火：烹飪造就人類》）。

他從解剖學的角度觀察人類化石，找出人類適應熟食前後的變化，推測人類從何時開始用火，也就是開始煮食的時期。假設人類從吃生肉變成吃熟肉，肉類經過加熱就會軟化，消化吸收會變好，使得人類的臼齒逐漸縮小，腸胃容量也變小。由於消化過程中消耗的能量減少，多餘的能量得以轉向腦部，才使得腦容量逐漸變大。由此推測人類開始用火的時期，有可能是在一百八十萬年前的直立人時期。

鑽木取火法

引火的技術

我曾參考岩城正夫的著作《原始時代的火》一書，挑戰過好幾次鑽木取火法。所謂的鑽木取火，就是用手握著木棒不斷磨擦木板，是最簡單的生火方法。

雙手夾著繡球花的細枝，垂直抵在切割出V字形凹槽的杉木板上，往下壓的同時，用手搓動細枝，使其來回旋轉。經過一段時間，就會散發出一股焦味，並漸漸冒出煙霧，因磨擦而燒焦的木屑則會堆積在V字凹槽裡。加強手部的力量、提高摩擦速度後，含有星火的粉末（火種）很快就會填滿凹槽。接著再將火種放到乾燥的樹葉上，對著它輕輕吹氣，火苗就會竄出來了。

這種方法的訣竅，在於使勁旋轉樹枝的部分，除了不能停止動作，也要留一點餘力，好在最後階段一口氣加速，做起來實在不簡單。我花了幾十秒才成功。

鑽木取火法雖然簡單，不過人類發現這種方法時，應該早就學會怎麼在木板上開洞了吧。由此可以推測，當時的人已經知道磨擦木板（挖洞）時會產生煙霧、發熱，才會找出引火的方法。在已知結果（產生火）的情況下，妥善分配雙手力道、讓樹枝不斷旋轉，直到點燃火苗。倘若不具備某種程度的智力，應該是做不到的。

發現了引火法的人類，也有了控制火焰的技術。

接著，人類用火驅趕肉食性野獸；放火燃燒草木，好將獵物逼入陷阱或埋伏地點。此外，人類還會用火取暖、照明與煮食，尤其在發明火爐以後，隨時都會用到火。大家圍著火堆用餐和團聚，使得彼此的溝通交流更加密切，人類的社會性才得以更進一步提升。

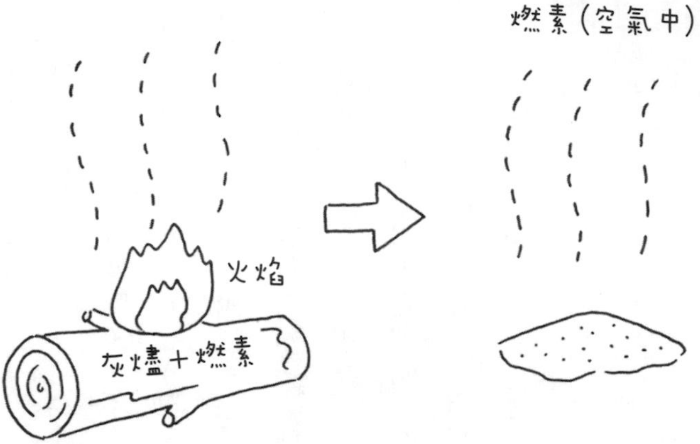

燃素說

有燃素，才能燒

我們也來看看火在化學上的歷史吧。

十八世紀初，德國化學家格奧爾格・斯塔爾（Georg Stahl），主張可燃物是由灰燼與燃素所構成，認爲物質可以燃燒，就是因爲它釋放出燃素。這意思是，舉凡蠟燭、木炭、油、硫磺……等所有可燃物都包含了燃素，一旦燃燒，就會逐漸釋放出去。

比方說，木炭燃燒後餘下的灰燼很少，代表它含有大量的燃素。這項理論認爲所謂的燃燒，就是可燃物質釋放燃素後，剩下灰燼的現象。而燃素的英語「phlogiston」，在希臘語的意思就是「燃燒」。

直到拉瓦節證明燃燒是「可燃物與氧氣結合」的現象，燃素說才終於被推翻。

氧的發現

一七七二年，英國化學家約瑟夫・普利斯特里（Joseph Priestley）出版了《幾種氣體的實驗和觀察》一書，且這個「觀察」系列最後還出版了六冊之多。

普利斯特里發現了氨、氯化氫、一氧化氮、二氧化氮、二氧化硫等氣體，不過他最大的成就，是在一七七四年發現了某種氣體，並命名爲「脫燃素空氣」（即氧氣）。

橘紅色的汞粉（氧化汞）是一種神奇的物質。汞受熱後會蒸發，並在表面形成橘紅色的汞粉；而汞粉在高溫加熱後，又會恢復成液態汞。我在國中教理化時，曾爲了講解化學變化，而做了氧化汞的熱

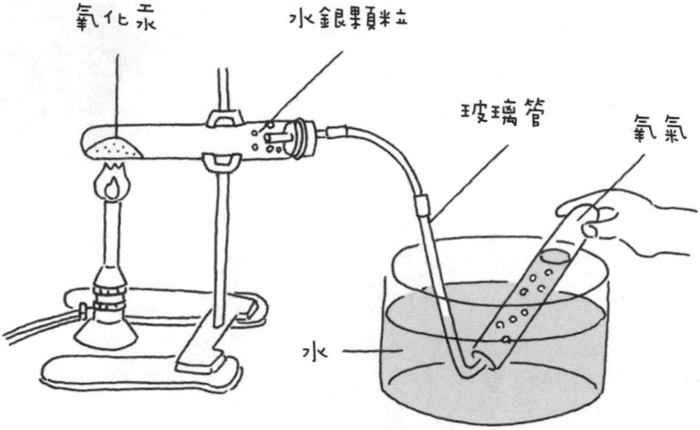

氧化汞的熱分解實驗

分解實驗，很能體會當時化學家認爲汞粉超神奇的心情。

裝入試管內的橘紅色物質，會隨著加熱逐漸減少，最後完全消失。同時，也會產生氣體，一旦插入點燃的線香，火苗就會劇烈燃燒起來，而試管口附近則會結出銀色的液態顆粒。

換句話說，**這時產生了「氧化汞→汞＋氧」的化學反應**。

普利斯特里認爲，加熱汞粉、變成金屬汞時，應該產生了某種氣體。爲了證明這一點，他用巨大的凸透鏡聚焦陽光來加熱汞粉，並收集產生的氣體，再將燭火移入氣體內，結果頓時發出耀眼的光，火焰劇烈燃燒。接著，他又把收集來的氣體灌入大玻璃瓶內，放進一隻小家鼠後密封。如果是一般的空氣，老鼠大約十五分鐘就會窒息而死，但半個小時過去了，瓶中老鼠依然活蹦亂跳。

普利斯特里將這種氣體命名爲「脫燃素空氣」。根據燃素說，物體燃燒後，燃素會逸出，並混入空氣裡。空氣中的燃素含量達到某種程度後就會飽和，無法繼續容納，所以火最後會熄滅。由於和一般空氣相比，這種氣體更能讓物質劇烈燃燒，所以他才推論這是「從一般空氣中去除了燃素的空氣」。

事實上，在普利斯特里發現氧氣的一年前，瑞典的化學家卡爾．威廉．舍勒（Carl Wilhelm Scheele）就已經發現了氧，只是因爲印刷廠的延誤，才推遲了論文的發表。

舍勒選擇鐵粉做爲可燃物的代表，研究了鐵生鏽的現象。他除了拿英國化學家亨利．卡文迪許（Henry Cavendish）早就發現的「可燃空氣」（即氫氣，但當時被視爲燃素），在空氣中進行燃燒實驗，也做了和普利斯特里一樣的汞粉實驗。舍勒認爲，一般的空氣是「火的空氣」（氧）和「鏽的空氣」（與燃燒無關的氣體）的混合物，而「火的空氣」就是汞粉加熱時產生的氣體。

舍勒是發現了各種有機酸和無機酸的偉大化學家。除了氧以外，他還發現了氯、氟化氫、錳、鋇、鉬、鎢、氮，但這些成就不是遭到忽略，就是在發表前被人捷足先登，所以很遺憾的，這些功勞都無法歸他所有。

不得不提的是，舍勒有個壞習慣，就是不管是什麼研究材料，都非得舔上一口才行，或許是出於對化學的熱愛，或是對化學物質的過剩情感吧。

某天，他被人發現趴在工作檯上氣絕身亡，年僅四十三歲。雖然死因不明，但可以確定的是，他身邊擺滿了有毒的化學藥品。

無關燃素，重點是氧

普利斯特里出生十年後、舍勒出生一年後，也就是一七四三年，法國化學家拉瓦節出生了。

拉瓦節有「近代化學之父」美名，他將普利斯特里稱為「脫燃素空氣」、舍勒稱為

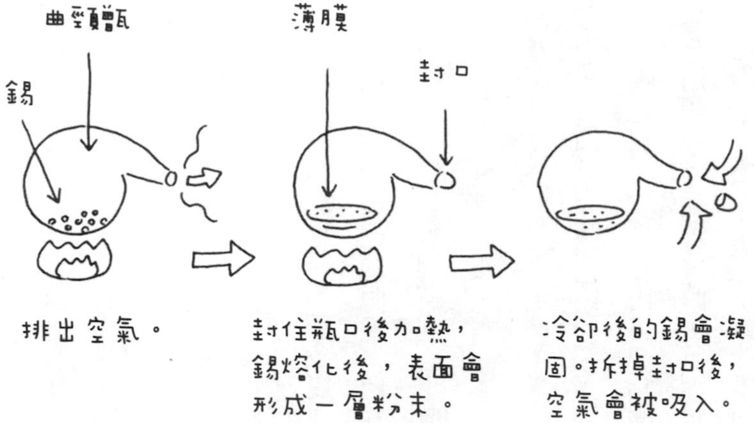

波以耳的實驗

「火的空氣」，且存在於空氣中的這種氣體命名爲「氧」，並建立了**「燃燒是可燃物與氧結合」的燃燒理論**。拉瓦節的研究方法，是使用高精密度的天秤記錄物質的重量變化，來了解發生了什麼事。

接下來我們就來看看，拉瓦節推翻燃素說、建立「燃燒理論」的過程。

國、高中的理化課本必定會提到「波以耳定律」（在恆溫狀態下，密閉容器內的定量氣體體積會與壓力成反比），它的發現者是羅伯特·波以耳。一六六一年，他將裝在曲頸甑（一種用於蒸餾的玻璃儀器，包括球形瓶身和一支開口向下的窄頸）裡的錫加熱，並認爲加熱後重量會增加的原因，在於「火的微粒」穿透玻璃、進入瓶內，並與錫結合的緣故。

加熱過的錫，其實就是錫和氧結合而成的氧化錫。拉瓦節挑戰了這個實驗，將裝有錫的曲頸甑口密封起來並秤重，接著用凸透鏡加熱，讓錫熔化後停止加熱，並再一次秤重，沒想到重量並沒有變化。因此拉瓦節認為，熔化的錫之所以變重，其實是因為錫吸收了開封後跑進曲頸甑內的空氣。

於是，他改用磷做實驗。磷燃燒後會變成白色粉末，重量增加了。瓶內空氣減少約五分之一，且剩下的空氣已不具備讓燃燒發生的性質。

因此，他認為與加熱金屬或磷結合的，並不是普利斯特里所謂的「脫燃素空氣」。

為了驗證自己的假說，拉瓦節選擇用汞粉來做實驗。加熱裝有汞的曲頸甑，汞的表面會開始形成橘紅色薄膜，這層物質正是汞的粉末。

於是拉瓦節日復一日、不分晝夜地用火爐加熱曲頸甑，並測量瓶內的空氣體積與汞粉重量。接著，他又測量加熱汞粉後形成的氣體（即普利斯特里所說的脫燃素空氣）體積，結果發現，這種氣體的體積等於汞粉形成時吸收的空氣體積。

他認為，空氣是由可使物體燃燒、使金屬化為粉末的氣體A，以及與燃燒無關的氣體B所組成；且燃燒時，可燃物質會與氣體A結合成新物質。由此可見，根本不需要什麼燃素——燃素說這才終於走到了盡頭。拉瓦節下了結論，確定燃燒就是物質與氧產生的反應。

一開始，拉瓦節將氣體A稱爲「生命的空氣」，之後才命名爲「氧」。碳、硫、磷等元素燃燒後，會分別形成二氧化碳（溶於水爲碳酸）、二氧化硫（溶於水爲亞硫酸）、五氧化二磷（溶於水爲磷酸）。因此，他便用希臘語中用來表示「酸」的字根「oxy」，將這種氣體命名爲「oxygen」，也就是我們熟知的氧氣（不過後來發現，鹽酸〔即氯化氫溶液〕並不包含氧，才證明酸的性質是來自氫，而非氧）。

家庭使用的燃料氣體

目前主要的燃料來源是石油和天然氣。家庭用的氣體燃料（以下簡稱「瓦斯」）主要可分爲以管線輸送的天然氣，以及桶裝配送的液化石油氣。

在一般家庭開始使用瓦斯前，煮飯都要燒柴火。直到第二次世界大戰後，瓦斯才大爲普及。以我家爲例，我在國中二年級之前，都住在一座小村子裡，家裡用的是兩口燒柴的爐灶。當時我的工作是負責添柴。從小學開始，每次煮飯，我都要在一旁用吹火筒

（吹送空氣的竹筒）將空氣吹入燃燒的柴火堆裡，並觀察鍋子冒出的蒸氣狀態，以調整火力。當時我還做過劈柴、背著籃子上山撿枯枝之類的事。不得不說，有瓦斯的生活眞是便利多了呢。

現在一般所說的天然瓦斯，指的就是天然氣（成分是甲烷）。以前還會用煤氣或石油腦氣❸，裡面含有一氧化碳，不過現在已經不用了。瓦斯裡之所以添加微量的臭味物質，並不是爲了防止誤吸瓦斯造成中毒，而是爲了讓人們在瓦斯外洩時可以有所警覺，避免引發氣爆意外。

天然氣的成分中，絕大部分是甲烷（CH_4）；至於液化石油氣，有八〇%以上是丙烷（C_3H_8），其次則是丁烷（C_4H_{10}）。這三者都是只含碳和氫兩種元素的有機化合物「烴類」。

在常溫下，只要施加八個標準大氣壓的壓力（約爲每平方公分八．二七公斤），就可以讓丙烷液化。瓦斯液化後，體積會大幅縮小至原本的兩百五十分之一，方便運送。家用的標準瓦斯桶（二十公斤裝）大約可盛裝四十公升的液態瓦斯；當它們全部還原成氣體後，竟然有十立方公尺之多，而這樣的分量足以提供三口之家一個月的用量。

原油（尚未精製的石油）是以「分餾」❹法，將沸點相近的成分逐一分離出來。在最低溫度分離出來的是丙烷和丁烷，壓縮後會變成液化石油氣；接著會依序分離出汽油、石油腦餾分（蒸餾出來的成分）、燈油餾分、柴油餾分。汽油和燈油主要是由碳原子數量較多的烴類所構成。汽油中的碳原子數約爲四到十個，燈油則是碳原子數量十到十五個的烴類。碳原子數越多，分子就越大，分子之間的吸引力就越強，也越不容易揮發。

燃料的歷史與能源革命

自從人類開始用火後，長久以來主要都是以木材和木炭爲燃料。

但是，隨著鍛鑄、染織品、陶器、玻璃、磚瓦的燃料需求越來越高，導致木材嚴重

❸煤氣是乾餾（將物質隔絕空氣後加熱，使其分解的過程）煤炭所得到的氣體；石油腦氣（naphtha gas）則是在煉製石油腦時產生的氣體。這也是至今仍有些販售桶裝瓦斯的商家會叫「煤氣行」的緣故。

❹分餾（fractionation）是一種物理方法，利用混合物中分子大小不同、沸點不同的原理，將其中成分分離出來的一種處理法。工業上，會先將石油加熱至攝氏四〇〇～五〇〇度，讓原料變成蒸氣後引進分餾塔。石油蒸氣會在上升途中逐漸冷卻並液化，所以在分餾塔中，位置越高，溫度越低。

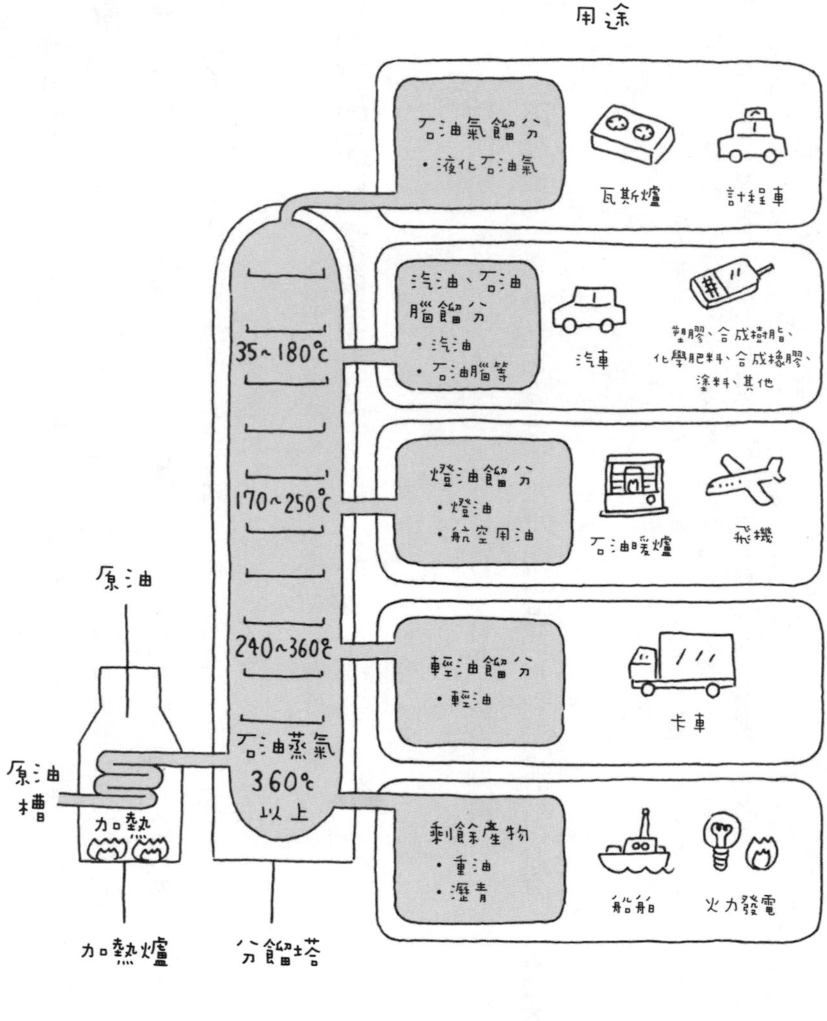
用途
石油氣餾分
・液化石油氣
瓦斯爐
計程車
汽油、石油腦餾分
・汽油
・石油腦等
汽車
塑膠、合成樹脂、
化學肥料、合成橡膠、
塗料、其他
35～180℃
燈油餾分
・燈油
・航空用油
石油暖爐
飛機
170～250℃
輕油餾分
・輕油
卡車
240～360℃
石油蒸氣
360℃
以上
剩餘產物
・重油
・瀝青
船舶
火力發電
原油
原油槽
加熱
加熱爐
分餾塔

石油的分餾與用途

短缺。從十二到十三世紀，英國和德國正式開採煤炭。而在發展出使用焦炭（將煤乾餾所獲得的產物）的近代製鐵技術後，煤炭的消耗量大幅增加，這也成爲工業革命的原動力，使英國成功稱霸全世界。一七六五年，英國的瓦特（James Watt）改良蒸汽機，此一劃時代的創舉，也讓能製造出蒸汽的煤炭成爲燃料的主流。

從最早的木柴和木炭，發展到使用煤炭，這項轉變稱爲「第一次能源革命」。煤炭是由氫、碳、氧、氮、硫等元素組成的有機高分子，燃燒時會產生汙染大氣的氮氧化物（NO_x）和二氧化硫（SO_2），因此，後來改用由煤炭乾餾而成的焦炭。而且，乾餾煤炭時，還會產生副產品煤氣。

十九世紀當紅的照明設備煤氣燈，是煤氣最早的正式用途。當時歐美各國所使用的照明用具，主要是鯨魚油燈，以及用動物油脂或蜜蠟製成的蠟燭。英國工業界用便宜的瓦斯，確保了夜間的勞動生產力。

一八一二年，倫敦設立了以提供都市照明爲營業項目的瓦斯公司，用管線將煤氣輸送至各個家庭。之後，瓦斯公司如雨後春筍般出現，到了一八五〇年左右，煤氣燈幾乎遍布歐美各主要城市。

但是，隨著強勁的對手——電力出現，以往用於照明和動力的煤氣只能甘拜下風，

	固體燃料	液體燃料	氣體燃料
燃燒容易度	稍微困難	容易	容易
灰燼生成	有	無	無
運送方法	散裝	管線	管線
發熱量範例	煤炭（16800～33600千焦/公斤）	燈油（46200千焦/公斤）	天然氣（55860千焦/公斤）

燃料的比較

人類走向由電力驅動的白熾燈和馬達的時代。即使如此，瓦斯的燃料用途仍保留了下來，大幅發展成熱能供給事業，瓦斯的成分也從煤氣變成了不易生成大氣汙染物質、供應穩定性更高的天然氣。

電力雖是能源競爭下的霸主，但當時做爲主力的火力發電，仍然需要依靠燃燒煤炭、石油和天然氣，將高溫高壓水蒸氣送入渦輪發動機，轉動發電機來發電。

第二次世界大戰後，中東發現豐富的石油礦藏；同時，隨著儲油槽容量越來越大，運輸成本也得以大幅降低。輕鬆就能燃燒，又不易產生固體灰燼的石油，不但可以透過管線遠距離大量輸送，還能成爲製造許多產品的原料，石化工業的建立，讓石油的價值逐漸壓過了煤炭。這種傾向始於一九四〇年代晚期，到了一九五〇年代晚期變得更爲顯著，這也就是「第二次能源革命」。

一般來說，能源革命其實並沒有第一次、第二次之分，多半只稱第二次爲「能源革命」。由於整個能源的轉變過程是從煤炭（固體）到石油與天然氣的流體（液體與氣體），因此又稱爲「能源流體化」。

以甲烷（CH_4）爲主要成分的天然氣是非常環保的能源，在生成相同熱量的情況下，不但二氧化碳排放量較少，屬於大氣汙染物的氮氧化物排放也較少，而且不會產生硫氧化物（SO_x），因此有望做爲從煤炭、石油、液化石油氣轉向下一步的能源轉移目標。

另一項備受期待的未來能源，就是氫能源。它燃燒時不會產生二氧化碳，只會產生水蒸氣（水）。不過需要研究的課題還很多，雖然可以製成固定式家用燃料電池，但成本還非常高。

此外，雖然以氫爲原料的燃料電池已有相當的進展，但要考量的除了燃料電池的成本，氫也是種不容易液化的氣體，所以還必須解決裝載量的問題。更何況，想從水中取出氫，必須耗費非常大量的能源，除非使用陽光和風力等再生能源或核能，否則最終仍會排出大量的二氧化碳。

第 5 章

水能載舟，亦能覆舟

想要活下去，不能沒有它

水在人體中所占的比例，健康的成年男性約爲體重的六〇％，女性約爲五五％。男女體內含水比例不同，是因爲男性的肌肉組織較多（含水量高），而女性的脂肪組織較多（含水量低）。

在人體內循環的血液，會將各式各樣的物質溶入其中，巡迴體內每個角落、將養分和氧氣輸送至各個細胞，並回收老廢物質、排出體外丟棄，這是水所具備的重要功能之一。

爲了活下去，人類一天大約需要二到二．五公升的水。這個攝取量除了因人而異，也會受到外在大氣的狀態、有無運動等因素影響。另一方面，從體內排出的水，大部分都是尿液與汗水；而水分在人體的進出量基本上也都是平衡的。

負責輸送養分和氧氣的水，除了是進行化學反應的地方，也負責調整體溫和滲透壓，是維持生命不可或缺的重要物質。

體內水分一旦流失超過二〇％，就會死亡。一名六十公斤的成人，體內的水分約有

1. **做為溶劑**
   體內的化學反應都必須在反應物質溶於水的狀態下才能進行。

2. **搬運輸送**
   養分、荷爾蒙或老廢物質溶於水後，
   隨著血液流通至各個臟器。

3. **調節體溫**
   人體有一半以上是水（成人約60%～66%，新生兒約75%）。
   水能有效保持體溫恆定；體溫一升高，
   皮膚就會流汗以降低體溫。

4. **調整體液的酸鹼平衡和滲透壓**
   水能調節體內各種離子的溶解度，
   也就是調整生物體內的電解質濃度。

5. **維持細胞的物理狀態**

6. **調節體液的流動**
   利用黏度調節生物體內的體液流動。

水的主要生理作用

三十六公斤（以一公斤的水體積為一公升來算，六十公斤乘以六〇％等於三十六公斤，相當於三十六公升），三十六公斤的二〇％就是七·二公升。人類一天會排出約二·五公升的水分，而七·二公升大約是二·九天分的排水量。當然，實際上停止攝取水分後，排出體外的水量也會減少，因此人應該可以活得更久，不過一般估算，人只要三天不喝水，就會有生命危險。

所以，即便是宗教修行中的斷食，儘管不會進食，但依然會喝水。健康的成人就算什麼也不吃，如果有水喝的話，至少還能存活三週左右。由此可見，水對生命來說有多麼重要。

羅馬浴場

水與都市衛生也有很大的關係。人類總是居住在河川、湖泊、湧泉等可以立刻取得乾淨水源的地方。但隨著文明的發展，人口集中的都市日漸發達，水源也因此逐漸短缺，於是發展出可大量供應乾淨水資源的設備——上水道。所謂的上水道，指的是透過

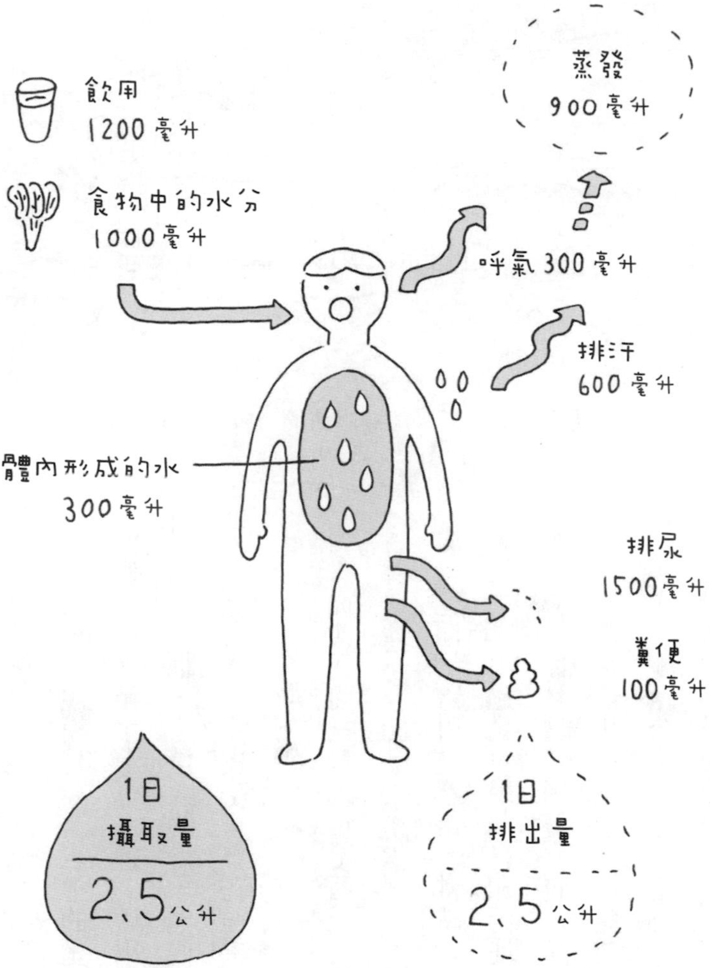

人體的水分進出量（以體重60公斤的人為例）

古羅馬的上水道：加爾水道橋（Pont du Gard）

建造溝渠等方式，將水從郊外的湖泊或河川上游引進城市。

最早大規模建設上水道的是古羅馬人。他們不但整頓了上下水道、做出用水沖刷排泄物的馬桶，更驚人的是，他們甚至建造了公共廁所——考古學家曾在一處遺址裡挖掘出一千六百座馬桶。

從西元前三一二年至西元三世紀左右，古羅馬建設了許多上水道，從數十公里遠處將乾淨的水引進都市。當時以建造地下管線為主，不過也會用石材和磚塊建造拱型的水道橋；而且為了保持水質，還沿著主要管線設置蓄水池和過濾池。這些運送到市區的水，會分配至公共浴池、宅邸、公共設施，以及讓民眾汲水的噴泉。

古羅馬的公共浴池規模龐大，內部裝潢也十分豪華。一般來說，每座城市至少都有一座公共浴池，做爲重要的社交場所。裡面設有專用的房間，由專人在身上抹油，並用木製或骨製刮板將身上的汙垢連同油脂一起刮除，以及不同水溫的浴池、蒸氣烤箱、健身房、圖書室等，民眾還可以在公共浴池內的講堂談論哲學和藝術。

高跟鞋、斗篷和香水

然而，隨著羅馬帝國覆滅，大部分的上水道也遭到破壞。一直到中世紀晚期，不但上下水道長期不見天日，連公共廁所也消失了。當時的基督教教義認爲，所有肉體欲望都要盡可能節制，裸體入浴是深重的罪孽。公共浴池就別提了，連自家也未設置洗浴設備，可說完全不具備衛生觀念。

這麼一來，城鎮會變成什麼樣子呢？

民眾在道路和廣場上隨意大小便。只能隨便處理的結果，使得排泄物滲入地下，導致病原菌汙染水源。

貴婦們身穿下襬寬大的長裙，就是爲了方便隨地排泄；十七世紀初問世的高跟鞋，則是爲了避免街上的糞尿泥濘弄髒腳而設計出來的——所以當時的高跟鞋不只是鞋跟，連鞋尖也會墊高。據說，當時甚至有鞋底高達六十公分的超級高跟鞋……

另外，民眾會從二樓或三樓的窗口，將尿壺裡的排泄物直接往路上傾倒，所以外出時需要穿上斗篷，以遮擋這些「天上掉下來的禮物」。由於危險有可能隨時從天而降，當時的紳士才會養成護衛淑女走在道路正中央的習慣。

當時的人不太洗衣服，也完全不泡澡或沖澡。爲了掩蓋體臭，有錢人會噴上大量的香水，香水工業發達的背後，其實是這個緣故。

乖乖照規定，才叫有禮貌

當時的人一旦感覺到便意，根本不在乎時間、地點，直接公然在外排泄。就連十七世紀的法國代表性建築凡爾賽宮，在早期的建設工程中，根本不包含廁所用和浴室用的水道設備。

宮殿裡，像是太陽王路易十四和著名的瑪麗．安東尼王后，他們所使用的都是坐式馬桶——臀部挖空的椅型便器，而排泄物就積放在下方用來承接的盆子內。當然，國王的馬桶不但鋪上了天鵝絨，還以金銀刺繡做為裝飾，是非常豪華的設計。

這個時代的凡爾賽宮，包含王公貴族、僕人在內，推測約有四千人住在裡頭，但宮中的坐式馬桶僅有不到兩百八十具，數量嚴重不足。因此，在宮中舉辦豪華絢麗的舞會時，愛乾淨的人還會帶著攜帶式便座，再由僕人負責將桶內的排泄物倒進庭園裡；當然，宮中的排泄物也一樣倒在這裡。至於未自備便器的人，則會直接在走廊、房間角落、庭園草叢裡大小便。結果，以美麗聞名的庭園處處充滿糞便，散發出嚴重的惡臭。

宮殿的庭園造景師見狀，非常憤怒，便在庭園裡插了一座「禁止進入」的牌子。一開始大家還不放在眼裡，直到路易十四下令要遵守立牌的指示，賓客才開始守法。

事實上，法語「禮儀」（uiquette）的原義就是「立牌」——最基本的禮貌，其實就是遵守既有的規定。而從這段軼事中，我們也可以預見，惡劣的衛生條件，必然為生命帶來重大威脅。

乘著水散播的傳染病

霍亂是一種經口傳染的疾病，若是將遭到感染者糞便汙染的水和食物吃下肚，就會染病。病原體霍亂弧菌是德國微生物學家柯霍（Robert Koch）在一八八三年發現的。霍亂弧菌所含的毒素會引發嚴重腹瀉和嘔吐，只要接受適當的治療，死亡率可以下降至一一％，但未治療者的死亡率高達五〇％，重症者甚至會在症狀出現數小時後死亡。

在霍亂弧菌等病菌發現以前，不只是霍亂，大家普遍認爲所有傳染病都是因爲吸入骯髒的空氣——瘴氣（miasma，在希臘語中有「不純」「不潔」「汙染」之意）所致。

歷史上曾出現過七次全球性霍亂大流行，無不造成大量死亡：

- 第一次：一八一七年～一八二三年，於印度和孟加拉等地
- 第二次：一八二九年～一八三七年，於歐洲、倫敦、北美等地
- 第三次：一八四六年～一八六〇年，於俄羅斯、亞洲等地
- 第四次：一八六三年～一八七九年，於歐洲與非洲大部分區域

・第五次：一八八一年～一八九六年，於德國漢堡等地
・第六次：一八九九年～一九二三年，於歐洲部分地區和印度等地
・第七次：一九六一～，於印尼、東南亞、太平洋群島等地

一八五五年，麻醉學家約翰・斯諾（John Snow）明確證實了「霍亂並非由瘴氣引起，而是起因於水中所含的某種物質」。

一八五〇年左右，倫敦掀起了霍亂大流行。斯諾發現，霍亂致死率會因供應自來水的公司而異。喝到遭汙染自來水（取水口位於下游）的家庭，霍亂死亡率特別高，而瘴氣理論無法說明這種現象。

斯諾在一八五四年、倫敦寬街爆發霍亂流行期間，一一造訪死者的住家、調查屋內的飲用水來源，並記錄在地圖上。分析相關分布狀況後，發現絕大多數的死者，都住在寬街中央那口手壓式幫浦水井附近。而離水井較遠的住家之所以染上霍亂，

是因爲家裡的孩子在水井附近的學校上學，或是曾到那一帶的餐廳和咖啡店消費，他們全都喝過那口井裡的水。

奇妙的是，水井附近有一座擁有約七十名員工的啤酒廠，裡面竟然沒有人得到霍亂重症。斯諾仔細一查，才發現工廠的員工並不喝那口井的水，而是喝啤酒解渴。因此，在禁止大家從遭到汙染的井中取水後，霍亂疫情便順利獲控制。

發生在十九世紀倫敦的一連串疫調，展現出「流行病學」研究方法的重要性。所謂流行病學的研究方法，就是**觀察群體、探討感染者與非感染者的生活環境及生活習慣的差異，並釐清傳染的主要原因。**

幾年後，證明了倫敦寬街水井的堆肥汙水坑中混入了霍亂患者的糞便，而汙水坑距離水井只有短短九十公分。

傳染病促進上下水道的發展

直到中世紀晚期，家庭汙水都是直接排放到路上或道路中央的水溝，多次引發鼠疫和霍亂等傳染病流行，每一次都造成大量民眾喪生。

到了十六世紀，各國終於開始重視維護市民生活環境的衛生，並逐漸推動小規模的上水道工程。一五八二年，在倫敦橋上建造了水車驅動的幫浦，引入河水，並配送到家戶做爲民生用水；但橋下的泰晤士河因爲船運頻繁，河水總是汙濁不堪。

到了十九世紀，蒸氣幫浦、輸水用的鑄鐵管及淨水裝置（以砂石等進行人工過濾的裝置）問世，能淨化水質，並透過幫浦輸送至各地的大規模近代水道才終於整頓完成。

歐洲最早的公共給水，出現在一八三〇年的英國倫敦，而發生在一八三一年的霍亂流行，也促成了倫敦下水道的發展。但好不容易整頓了下水道，卻只是將汙水直接排放到河裡，不但使得河川越來越髒，甚至到了無法做爲工業用水的程度。從一八六一到一八七五年，泰晤士河兩岸建造了與河川平行的水路以排放汙水，卻依然無法遏止下游汙染。

一八四八年，德國漢堡成爲第二個發展下水道的城市；進入十九世紀後半，德國和法國各大都市都建造了下水道。此外，還發明以類似噴泉的方式，在下水道管線噴上一層「過濾材料」，利用形成於表面的菌膜來分解穢物，以及現代汙水處理場採用的「活性汙泥法」（利用含有好氧生物的汙泥來分解有機物與無機物的汙水處理法）。

時至今日，雖然傳染病已逐步改善，但世界各地仍有許多人無法取得安全的飲用水，不得不喝含有霍亂、斑疹傷寒、痢疾等病原菌的水，或是普遍存在於環境中、砷含量超標的水。

即使進入二十一世紀，每年仍約有五二．五萬名未滿五歲的幼兒因腹瀉而死亡，原因在於不衛生的環境和遭到汙染的水，但只要改善用水相關的衛生條件，便可有效預防傳染病的發生。此外，因爲飲用遭到砷汙染的地下水而導致慢性砷中毒的案例，在印度、孟加拉等地仍時有所聞。

自來水裡的特殊氣味

水是傳染病的一大媒介，飽嘗傳染病之苦的人們終於認知到「水經過消毒後再供給」的重要性。十九世紀末，英國、德國、美國開始試著在自來水裡添加含氯藥劑。到了二十世紀，關於以氯消毒的研究越來越多。這種含氯的藥劑原本是傳染病出現時，供緊急使用的消毒劑，不過後來比利時和英國開始持續使用；到了一九一二年，德國發明了加氯殺菌機，各國才開始普遍採用氯消毒法。

目前的自來水在經過一定處理後，會在出廠前加入氯或次氯酸鈉，並規定水管末端的餘氯濃度必須合乎一定「安全且有效」的標準，才能配送至各用戶。

爲什麼必須要求餘氯的濃度呢？因爲它也有消毒的效果，可以確保水質。餘氯的成分是氯和水反應所形成的次氯酸（$HClO$），以及離子化後的次氯酸離子（ClO^-），擁有很強的氧化力。遇到由碳和氫等元素組成的有機物（如細菌和病毒），**餘氯可以和它們產生反應，並將其中所含的部分碳和氫變成二氧化碳和水，藉此達到殺菌作用。**

而且，只需要非常低的濃度（最多只有足以影響人體健康濃度的千分之一），餘氯就可發揮殺菌效果，對人體的健康影響也很低。

讓所有人震驚的可怕物質？

本章最後，我們要討論一種名叫「一氧化二氫」（dihydrogen monoxide，簡稱 DHMO）的化學物質。

DHMO以氣態、液態、固態大量存在生活周遭，是一種無色、無味、無臭的化學物質。

這種化學物質的危險性之所以受到矚目，起因於美國愛達荷州的中學生內森·佐納（Nathan Zohner）在一九九七年所做的調查，他的調查在當地的科學展覽上榮獲優勝後，引發了熱烈討論。佐納製作了一份「請求政府禁用一氧化二氫」的請願書，並在街頭向大家解釋DHMO的危險性，拜託民眾連署簽名。

他的訴求如下：

一氧化二氫（以下簡稱DHMO）無色、無臭、無味，但每年都會殺死難以估計的人。這些人的死因幾乎都是因為偶然吸入DHMO所致。

現在美國境內，幾乎所有河川、湖泊及蓄水池都驗出含有DHMO。不僅如此，DHMO的汙染遍及全球，甚至在南極冰層裡也發現了該汙染物質。然而美國政府卻拒絕立法禁止這項物質的製造和擴散。

現在開始還來得及！為了避免汙染更進一步擴大，各位必須立即採取行動。

在路過的五十個人當中，他得到了四十三人的連署。

那麼，DHMO究竟有哪些危險性呢？

〔DHMO對人體的危害〕

・處在液態DHMO中，會使人無法呼吸、窒息而死
・長時間接觸固態DHMO，會導致皮膚嚴重損傷
・DHMO氣體可能引起重度燒燙傷
・過度攝取液態DHMO會引發許多令人不適的副作用，甚至可能中毒死亡
・液態DHMO有強烈的成癮性，慣用者一旦停止飲用，短期內就會死亡
・DHMO存在於癌細胞中，只要從中去除DHMO，癌細胞就會消滅。DHMO就是癌細胞增殖的原因之一

〔DHMO與地球環境、自然災害的關聯〕

・DHMO是酸雨的主要成分
・DHMO對溫室效應有強烈的影響

・DHMO會造成颱風、豪大雨等自然災害
・DHMO會侵蝕岩石和土壤、改變地形
・DHMO會引發山崩
・氣態DHMO是車輛與工廠廢氣的主要成分

儘管如此，由於人類確實經常使用DHMO，所以我們的食物和身體早已受到嚴重汙染。正如佐納的連署結果顯示，大眾得知這項事實後，多數人都贊成禁止使用一氧化二氫。

……講到這裡，我就來揭曉謎底吧。

DHMO，其實就是水。水分子是由兩個氫原子和一個氧原子所構成，所以確實可以說成一氧化二氫。

透過這項惡作劇的調查結果，佐納呼籲學校「應該更進一步加強各種層面的科學教育」。他想提醒大家的是，把「水」的名字換成一個乍看之下似乎很難懂、很令人抗拒的化學名詞「一氧化二氫」，就能輕易讓許多人受騙上當。

直到現在，光是提到「化學物質」，許多人馬上就聯想到「可怕的毒物」，但**化學**

物質的定義其實就是「具有固定化學成分和特定性質的物質」，真的就這麼簡單。

只要是稍微具備化學相關知識的人，應該都能馬上看穿ＤＨＭＯ的惡作劇，並露出會心一笑吧。你是不是也早就知道了呢？

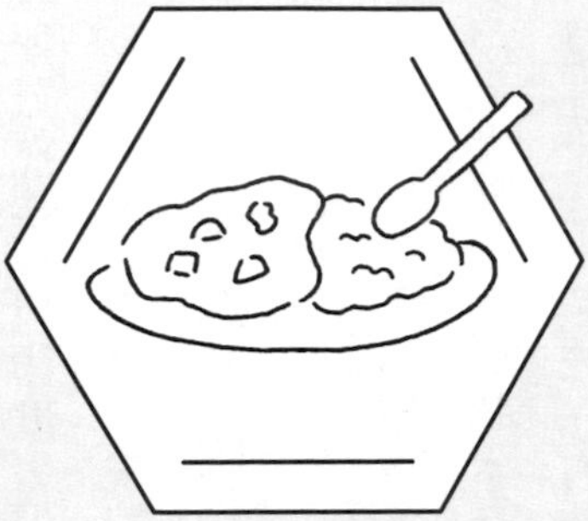

第 6 章

有熟肉可以吃，

就別吃生肉

咖哩飯的誕生

很多人都喜歡咖哩飯，但咖哩飯所包含的米飯（水稻種子）、馬鈴薯和豬肉，是怎麼成爲人類的食物呢？

咖哩雖然起源自印度，但傳至世界各地、經過改良後，反而擁有各種不同的口味和樣貌。有一則笑話是這麼說的：有個印度人吃了日本人做的咖哩飯，好奇地問：「這滿好吃的，我這輩子從來沒吃過，請問這道菜叫什麼？」

印度咖哩是將肉桂、小豆蔻、丁香、胡椒、孜然、薑黃等數種香料磨成粉、混合而成的綜合調味料，並添加蔬菜或豆類一起烹煮，有時也會加入肉類或海鮮。

據說「咖哩」這個詞來自南印度泰米爾語的「kari」（醬汁）。添加麵粉並煮成糊狀的咖哩，是在十八世紀末左右傳入英國時的做法。後來隨著現成的調合咖哩粉問世，才廣泛做爲醬汁、運用於牛肉料理等菜餚。十九世紀時，咖哩傳入剛開始接收西方文明的日本。一開始，日本人將咖哩視爲西洋餐點（雖然明明來自東方），後來爲了提高民眾的接受度，添加了馬鈴薯、紅蘿蔔、洋蔥、牛肉或豬肉等五花八門的材料，變成偏黃褐色、辣度低、類似濃湯的日式咖哩。

以日式咖哩來說，馬鈴薯、紅蘿蔔、洋蔥都不是原產於日本，而是十九世紀後才普及的蔬菜；以前的人們也因爲宗教信仰而不吃牛肉和豬肉，直到十九世紀末，民眾才終於可以公然吃肉，這也是咖哩日本化的一大助力。

栽種稻米是人類的一大偉業

咖哩飯的主角之一正是米飯。從人口比例來看，以稻米爲主食的人口壓倒性的多，約占全球一半，其次是小麥、玉米，而它們也統稱爲世界三大穀物（馬鈴薯是第四名）。

稻米是許多亞洲國家的主食，它是禾本目禾本科稻屬植物的果實（種子）。接下來就以稻米爲例，來探究人類孜孜不倦的努力軌跡吧。

當成作物栽培的稻子，原本是野生的。早在數千年前，人類就開始從野生稻中篩選出不易倒下、果實不易掉落的種子來進行人工栽培。

當成作物的稻子與野生的禾本科植物相比，每一粒果實都非常大、含有許多澱粉，

野生稻	稻作
果實（種子）小	果實（種子）大
種子一摸就掉	即使觸摸果實（種子）也不會掉落
成熟度不一	一起（同時期）成熟

野生稻和稻作

且果實會全部在同一時期成熟；果實成熟後也不會掉落地面，會留在稻穗上。

野生稻在開花後，即使雌蕊沾到自己的花粉，也不會受精，這是因爲它具有「異花授粉」的性質，只能接受其他稻花的花粉，並長成雜交種。這種特性可以讓稻子結出具備各種特性的果實，如此一來，就不會因環境變異或病蟲害而全數滅絕，至少會有某些果實生存下來，這對野生稻來說，是非常重要的求生技能。

但是，長久以來由人類栽培的稻子，早已失去了野生稻的特徵。只要一開花，雌蕊就會立刻沾上自己的花粉，以自花授粉的方式受精、結出果實。人類就是特地選出這些突變品種，持續培育至今。於是，稻作全部都擁有相同的特質，更容易栽種，但求生能力也因此變得較弱。

野生稻的果實很小，一成熟就會分散掉落，而且不會一次全部熟透，每一粒的成熟時間都不同。從植物的角度來看，這是爲了傳宗接代的生存策略；果實大範圍散落，也較能因應環境的變化，種子的成熟時期才會錯開。

不過，若要當成作物，每一粒果實都能含有豐富營養才是最理想的，果實也不能輕易掉落，還最好能全部一起成熟，才方便收割。採收下來的果實中，有部分會留做翌年播種用。就這樣，人類選出了顆粒較大、不易掉落、會同時成熟的品種，經過數千數百年不斷精挑細選，最後才培育出現在的品種。

人類改良了稻作品種，大幅改變了野生水稻的性質，培養出容易栽培、收穫的水稻。小麥和大麥基本上也是相同的做法。結果，稻作變得不適合在自然環境（野生）生長，必須有人類管理才能生長。

大航海時代與馬鈴薯

就日式咖哩飯來說，馬鈴薯是不可或缺的食材。

其實，全球普遍栽種馬鈴薯的歷史並沒有那麼悠久。只要追溯一下馬鈴薯的發源地，就會知道它來自南美洲的安地斯山脈。那一帶至今仍可看到野生種的馬鈴薯，包括紫色的花朵、葉片形狀，都和目前的馬鈴薯十分相似，但個頭卻非常小；就算挖開土，也只會看見小拇指大小的塊莖而已。安地斯山脈一帶到處都可看到這種根莖類植物，可惜的是它有毒，無法食用。

安地斯山脈的居民費盡心思，將這些野生品種栽培成作物，他們挑選出更大、更可口，且毒性較低的塊莖來培育——秘魯當地甚至栽培了多達三百種馬鈴薯。

馬鈴薯之所以傳到歐洲，是在探險家哥倫布與殖民者法蘭西斯克・皮澤洛（Francisco Pizarro）等人活躍的大航海時代。十六世紀，西班牙人發現美洲大陸時，看見那裡長著許多前所未見的植物，其中之一就是馬鈴薯，後來也被探險家一起帶回歐洲（雖然無法得知傳入的確切時間）。等到馬鈴薯的食用價值逐漸爲人所知，才廣爲各地栽培。

馬鈴薯促進歐洲人口增加

起初，馬鈴薯在歐洲只是做爲觀賞植物（藍紫色的花十分可愛）。雖然馬鈴薯是安地斯原住民的最愛，但由於西班牙人視他們爲野蠻人，所以自認高貴的歐洲人自然將馬鈴薯當成不入流的食物，是動物和貧民才會吃的東西。

不過到了十七世紀中葉以後，有人對馬鈴薯發表了新的見解。

一六六二年，英國索美塞特郡一座農場的主人認爲，馬鈴薯或許能在飢荒時期拯救國家，並提案給倫敦皇家學會。因爲馬鈴薯採收的部分埋在地面下，不易凍傷，且生長期短，不到百日便能收成，即使遇到其他作物歉收也不怕。

在歐洲，馬鈴薯最早是在明顯缺乏糧食的愛爾蘭廣爲栽種。之後從愛爾蘭傳入北美洲，一七一八年開始，做爲動物飼料而栽種；直到一八〇〇年左右，富裕階層才開始食用馬鈴薯，在愛爾蘭甚至還成爲主食。

十八世紀時，普魯士（德國）國王腓特烈大帝（腓特烈二世，Friedrich II）積極推動馬鈴薯栽培，爲了強迫農民栽種，甚至威脅割掉拒絕者的耳朵和鼻子。

馬鈴薯的花和果實

一七七一年，法國某個學會發出公告：只要有人能找出足以在歉收時期代替小麥的食物，就能獲得高額獎金。農學家安托萬．帕門蒂埃（Antoine Parmentier）知道這件事情後，便提議種植馬鈴薯。

帕門蒂埃曾爲了推廣馬鈴薯設計了許多策略。舉例來說，王后瑪麗．安東尼出席某次舞會時，頭髮上就裝飾著帕門蒂埃致贈的馬鈴薯花。果不其然，馬鈴薯立刻被宣傳成一種珍奇的植物，並成爲全巴黎的熱門話題。帕門蒂埃在培育馬鈴薯的過程中，也因爲獲得國王的認可，得以設置衛兵以看守農田，令許多親眼目睹的人更加深信這種植物有多珍貴，甚至還有人冒險偷走。

這簡直就是一場漂亮的宣傳戰。馬鈴薯

收成後，帕門蒂埃還設宴款待許多知名人士，品嘗馬鈴薯大餐。賓客中包括了化學家拉瓦節、美國政治家暨科學家班傑明・富蘭克林（Benjamin Franklin）。許多人就這樣，成爲馬鈴薯的愛好者。

後來帕門蒂埃出版了一本書，除了說明馬鈴薯沒有毒性，也傳授栽培方法和利用方法。路易十六非常感謝他的貢獻，表示「閣下發現了貧民吃的麵包，法國今後將會十分感激你」。

馬鈴薯就這樣遍及整個歐洲；但另一方面，也曾發生因過度依賴馬鈴薯而導致的悲劇。愛爾蘭從一八四六年到一八四七年開始的大飢荒，造成將近一百萬人餓死，至少一百萬人逃離家園、遠渡美國或澳洲。原因就出在馬鈴薯遭到肉眼看不見的馬鈴薯晚疫黴感染，導致嚴重歉收。

即使如此，馬鈴薯對於十八世紀後的歐洲人口增加仍有很大的貢獻。順帶一提，馬鈴薯是在十六世紀末，由來自爪哇（雅加達，Jakarta）的荷蘭人傳入日本的，所以日本才會稱馬鈴薯爲「Jagaimo」，意思是「雅加達」來的薯芋（imo）。

動物家畜化與定居生活

前面提到，咖哩能在日本生根發展的關鍵，主要還是在於吃肉。日式咖哩的特徵之一，就是除了蔬菜，牛肉、豬肉、雞肉、海鮮……都能使用。

人類著手將野生動物馴養成家畜的動機，除了希望能獲得穩定供應的食物（經濟目的），許多宗教也都有以動物獻祭的傳統（宗教目的）；此外，還可以做爲寵物或生活中的幫手（生活目的）。

現在已經家畜化的動物，都有其容易被馴化的因素。野狗和山豬原本就是雜食，當然也包括吃掉人類剩餘的食物；牛和羊過的是群體生活，一直都有追隨領袖的傾向，也很方便由人類管理。

狗大約在一萬四千年前家畜化；綿羊、山羊、牛、豬是在大約一萬年前；馬是在約五千年前，雞則是在約四千年前才被馴化。

山豬與家豬

從山豬到家豬

山豬什麼都吃，繁殖力旺盛。人類為了馴化山豬，花費了長久的歲月改良，才終於養成家豬。其中有哪些變化呢？

首先是體格。在山林中四處奔跑的野豬，有較長的鼻尖，公豬下顎的犬齒也很尖銳，而且向外凸出。牠們很聰明，很凶，也很敏捷；不但奔跑的速度很快，更是游泳健將。相較之下，人類為了取得肉而馴養的家豬個性溫吞，改良後的品種也較肥胖，以便取得更多肉；鼻骨偏短，長著一張下巴往前伸長的戽斗臉。

家豬的發育也比山豬快。以一頭九十公斤的豬爲例，山豬大概需要一年以上的時間，但家豬只要六個月就能長到這個程度。另外，家豬的繁殖能力遠比山豬要更旺盛。一般而言，山豬每年懷胎一次、每胎平均五隻（三到八隻）；但家豬每年平均生產次數爲二．五次，每胎幼崽數量可達十隻以上，部分品種甚至能生到將近三十隻。因應生產數量，母山豬只有五對乳房，但家豬卻有七到八對。

山豬需要花費兩年以上時間，個體才會成熟（可以懷孕生產），但家豬只要短短四個月到五個月；不只如此，家豬也沒有山豬的獠牙（犬齒），因爲人類趁著豬隻還小的時候，就將原本會變成獠牙的犬齒折斷了。至於原本擁有的長尾巴，由於容易導致糾纏打結或沾染泥土穢物，所以也切除了。

人類對動物的好奇，自古有之

在法國西南部溪谷發現的拉斯科洞窟壁畫，據說是兩萬年前（舊石器時代）的克羅馬儂人所繪製的。

一九四〇年，四名少年發現了這座洞窟。一九六三年後，政府爲了保護壁畫而封鎖此地，只開放給事先申請許可的研究人員。包括拉斯科洞窟在內的裝飾洞窟群，在一九七九年時登錄成爲世界遺產。至於開放給一般大眾欣賞的，則是精巧重現原作的複製品。

拉斯科洞窟全長約兩百公尺，最深處的井狀空間，是個必須以繩梯垂直往下爬五公尺才能抵達的地方。在深幽的黑暗中，克羅馬儂人應該是靠著石製的小型油燈（打磨成碟形，盛有動物脂肪）前進，一路繪製壁畫，直到洞窟深處吧。

洞窟裡有將近兩千幅壁畫，在這些動感十足、色彩繽紛的圖畫中，有將近一半畫的都是動物：馬、公鹿、野牛、貓、熊、鳥、犀牛等。克羅馬儂人並沒有馴養動物，換言之，這些全都是野生動物。但另一方面，洞窟裡發現的獸骨，九〇％都是馴鹿，但壁畫中的馴鹿卻只有一頭。

這些壁畫，如實地描述了當時的人對動物有多感興趣。

農耕革命與都市的建立

人從狩獵採集生活變成定居，不但培育作物，也從事畜牧。這種轉向農業生活的巨大變化，稱爲「農耕革命」（或農業革命）。農耕革命約發生在一萬年前，最有可能的地點就是橫跨現在伊朗、伊拉克、約旦、黎巴嫩、以色列等地區，也就是所謂的「肥沃月彎」。

農耕革命讓糧食供給變得穩定，人類定居的趨勢也更顯著。當一群人進行農耕作業時，需要有人出面指揮；爲了遮風避雨、保護家人和作物，於是用石頭和磚塊建造住宅和城牆；爲了不受外敵攻擊，所以需要軍人協助抵禦；另外，還發展出以祭祀場所（神廟或祭壇，爲了祈求豐收）爲中心的村落。

狩獵採集時期的人類必須到處尋找食物，因此難以累積財富；但開始過著以農業爲主的定居生活後，就有機會做到這一點。於是，貧富差距和身分地位差別也應運而生。糧食有了盈餘，便開始出現不務農的人，社會也逐漸形成君王、神官、軍人、平民、奴隸的階級社會。就這樣，直到大約六千年前，人類建造了古代城市，發展出都市文明。

農業的開始，成為人類歷史的巨大轉捩點。

生存必須的營養素

食物對人類來說非常重要，我們藉由攝取食物，獲得生命活動所需要的能量，以及做為成長根源的養分（五大營養素）。咖哩飯，就是一道能幫助我們同時攝取五大營養素的美食。

碳水化合物：能量的主要來源，分為可在體內直接分解的醣類，和無法分解的膳食纖維，包含葡萄糖、乳糖、麥芽糖、澱粉等，做為主食的米飯和麵包主要成分就是澱粉。澱粉是由兩百～一千個葡萄糖分子結合而成的，消化後就會變成葡萄糖。

蛋白質：動物細胞中含量最多的是水，其次就是蛋白質。人類的肌肉和器官是由蛋白質組成的，維持生命活動的酵素、激素、抗體也都是由蛋白質組成。富含蛋白質的食品包括肉類、大豆、魚、蛋、奶類等。蛋白質是由數百至數千個多種胺基酸分子結合而成，消化後就會變成胺基酸。

脂質：除了做為體內的能量來源和構成身體的成分，也是膽汁酸（膽汁的主要成分，由肝臟分泌）的原料。脂質是由一個甘油分子與三個脂肪酸分子結合而成，消化後就會變成脂肪酸和甘油。

維生素：維生素是一群人體無法自行製造的有機物，人類需要微量維生素，才能正常運作。人類需要的維生素有十三種，包括有助於從醣類中獲得能量、維持神經正常功能的維生素B_1；可促進鈣質吸收的維生素D；受傷時有益於凝血作用的維生素K；另外還有能幫助紅血球生成的葉酸。

礦物質：除了碳、氫、氧、氮這四種基本元素以外，其他人體所需要的元素都算是礦物質，又稱為無機鹽。可分為人體需求量大的礦物質（巨量礦物質）和需求較低的礦物質（微量礦物質）。其中，巨量礦物質包括鈉、鉀、鈣、鎂、磷等。

人類是雜食性，會吃動物，也會吃植物。正因如此，我們才能將各種東西當成食物以延續生命，繁衍遍及世界各地。但是反過來看，人類若不廣泛攝食，便無法維持健康。像草食的斑馬、肉食的獅子，就算只吃草或吃肉，也不會有損健康；人類卻不是這樣，一旦過著偏食生活，就會危及健康。在這個容易吃飽喝足的時代，依然會出現健康失調的問題，正是因爲雜食性的緣故。

有熟肉可以吃了！

第4章提到的生物人類學家理察·藍翰認爲，煮食塑造出現在的人類。傳統的論點主張，肉食讓腦容量變大，但他卻主張，**煮熟後的食物能讓人用更不費力的方式，攝取到比生食更多的營養，所以牙齒、下顎、腸胃都縮小，而腦容量變大。**

或許你並不同意藍翰的說法，但對於以下這些煮食帶來的好處，我想應該很少有人不同意：

人類原本是以石器進行狩獵，直接生食獵捕和採集到的動物、野生植物、水果、樹果；已知用火後，才懂得用火加熱，或是用燒熱的石頭煎烤食物。後來人類學會製作土器（瓦器，粗陶器），並用來炊煮食物，透過加熱調理的方式，以確保食用的安全性。

對人類而言，自然界中的有毒動植物很多，但也有些食材可以去除這些毒性；或是只要加熱，即能安心食用。另一方面，隨著時間過去，食材上難免會有細菌繁殖，其中一部分對人體有害，甚至還會有寄生蟲。不過，這些問題都只要加熱就可以解決了，所以大多數情況下，熟食都可以安心食用。

此外，食材經加熱調理，多半會變得更柔軟，易於食用與消化吸收；就算是堅硬的種子和樹果，也可以透過水煮達到軟化的效果，可攝食的食物種類也因此大幅增加。不僅如此，食物的味道、香氣都能在加熱後明顯提升，變得更美味。以肉類爲例，主要成分是水、蛋白質和脂肪。蛋白質分子大，本身吃起來沒什麼味道；一旦加熱分解成胺基酸，就能讓人嘗到鮮味。胺基酸也存在於細胞內部，以及細胞與細胞之間的組織液；換言之，烹調肉類時產生的肉汁，就是富含胺基酸的鮮味來源。而料理除了要美味，香氣也很重要，肉類脂肪裡就含有各式各樣的香氣成分，會因動物種類不同而有很大的差異，蘊釀出各種肉類特有的風味。

第 7 章

喝完這杯再說吧

酒與農業的起源

人與酒（酒精，乙醇）的交集，大約可以追溯至一億三千萬年前。

在那個會結出果實的種子植物（開花植物）剛登場的時代，我們的祖先尚未進化成人類，仍是長得像松鼠一樣、會懼怕恐龍的初期哺乳動物。當時，出現了一種喜歡水果的酵母——釀酒酵母。

釀酒酵母可從水果所含的醣類（果糖和葡萄糖）中獲得能量，雖然以乙醇為副產品來獲取能量的這種方法，效率並不算好，但相對的，這種方法卻能有效驅逐其他會被乙醇毒死的微生物。

於是，吃果實維生的哺乳類當中，能藉由氣味（其實就是乙醇的氣味）來分辨成熟與否的物種，便占了生存優勢。因此，人類的祖先才會帶著喜歡酒精的特性演化至今。

最初的酒是由水果或蜂蜜自然發酵而成的。由於釀酒酵母存在於糖分較多的環境，也會附著在果皮上，所以，只要將水果搗碎、裝進容器裡，酵母就會開始工作（發酵），將糖分轉化為酒精。

水以外的「飲料」正式在世界史上登場，大約是在一萬年前，智人開始定居生活、發生農耕革命的時候。

目前可以確定年代最古老的酒精飲料，發現於中國河南省的賈湖遺址，是大約九千年前的古酒。二〇〇四年，考古學家將此處出土的陶壺內部殘留物送去做化學分析，結果發現裡面含有米、蜂蜜、葡萄、野山楂。換言之，九千年前的人，應該喝過由這些材料混合製成的「野山楂葡萄酒、蜂蜜酒，以及米酒混成的複合發酵飲料」吧。

啤酒也能當薪資？

啤酒的原料是穀物。以前的人類是用皮袋、動物的胃囊、刨出凹槽的木頭或石頭、大貝殼做為釀造啤酒的容器。至少早在西元前四〇〇〇年時，啤酒就已普及於近東一帶，一般認為，發源地是底格里斯河與幼發拉底河流域的美索不達米亞平原。

有一種觀點認為，人類對啤酒的需求促進了農業的正式發展。如果原料只能一味仰賴採集野生穀物，就無法穩定釀出啤酒。因此人類需要透過耕作以確保穀物來源，才會開始「栽培」。

在現今的伊拉克、當時的美索不達米亞，曾出土一只約西元前四〇〇〇年的土器，上面有兩個人用吸管從大甕中喝啤酒的圖畫。由於當時的啤酒裡混雜了許多穀粒、穀殼和雜質，所以要用吸管才能喝——雖說是「雜質」，但當時的啤酒是用沸騰過的水釀造而成，已煮沸殺菌，所以是很安全的飲料。

在西元前三〇〇〇年左右，開創美索不達米亞文明的蘇美人開始栽種麥子。他們生產出麥芽，曬乾後混入小麥粉中烤成麵包，再搗碎溶入熱水，等它自然發酵後，就成了啤酒。前面提到，人類開始以農業為中心、過著定居生活後，由於糧食生產有餘，於是逐漸出現了不從事農業、改做其他工作的人，他們領的薪水都是麵包和啤酒。比方說，在西元前約二五〇〇年的古埃及時代，金字塔工人的標準日薪，就是三到四條麵包和大約四公升的啤酒。國家會收集穀物做為貢品，再當成勞動的薪資來分配。

對古埃及人來說，啤酒是日常飲料，不論在家或酒館都能喝到；而當時的啤酒酒精濃度也比現在要高，根據推算大約有一〇%。

儘管喝酒後唱歌跳舞無傷大雅，但還是有人會喝得爛醉、造成不少麻煩，古埃及文物中甚至還留下了提醒民眾不可飲酒過量的文章。比方說以下面這段文字：

別踏進滿室酒鬼的屋子，因爲你脫口而出的話，會被他們傳到人盡皆知；尤其在你根本不知道自己說了什麼的時候，更將成爲你的災難。若你醉倒在地，骨折恐不可避；更何況，並不會有人對你伸出援手。與你一同歡快暢飲的夥伴只會說「把這醉鬼扔出去」；當你眞正的摯友前來尋你，只會看見你有如幼兒般無力倒臥在地。

——《啤酒文化史1》

這種景象跟現在的宴會應酬根本沒什麼分別。大約在西元前八世紀至西元前七世紀時，啤酒深受亞述人喜愛，後來也陸續傳到希臘、羅馬，但因爲這兩國更重視葡萄酒，所以啤酒的釀造反而由栽種小麥的北歐日耳曼人繼承了。

麵包的製作與啤酒

麵包是在小麥粉、裸麥粉等穀物粉末中加入酵母、水、食鹽等材料，仔細攪拌、搓揉後靜置發酵，再將麵糰拿去烤熟的食品。

發酵麵包的歷史最早可追溯至西元前四〇〇〇年的埃及。在那之前，人類會將小麥磨成粗粒、加水揉勻後平鋪烘烤，這就是麵包的原型。但是某一天，人們有了驚人的發現：將麵粉加水揉勻、放置一段時間再烤，不但麵糰會變大，烤出來的麵包居然還會變軟！這或許是自然界的酵母附著在麵糰裡的緣故。而且，把這次揉製的麵糰留下一部分，就能當做下一次揉麵包的原料（麵種）來使用。

不僅如此，只要使用釀啤酒時產生的泡沫做爲麵種，就能烤出品質更好的麵包。製作麵包的主角，就是釀造啤酒等酒類的酵母。酵母會以麵糰中微量的葡萄糖和麥芽糖做爲營養、進行發酵作用，而發酵產生的二氧化碳會使麵團膨脹；至於同時產生的酒精，在烘烤時幾乎已完全揮發掉，只有極少量會殘留下來，成爲麵包的香氣成分。

酵母與發酵

負責在酒中製造出酒精（乙醇）的，是一種叫做酵母的微生物。

生物中有一種分類，稱爲眞菌界，從外觀可以分爲黴菌、酵母、蕈類等，不屬於植物，也不屬於動物。以黴菌（絲狀眞菌）爲例，孢子發芽後，短短幾天內，菌絲就會以放射狀不斷分枝擴展，並在菌絲末端長出新的孢子，成熟後便會飛散出去。

至於酵母，則是大小只有〇．〇一公厘的單細胞生物，有球形、橢圓形、長條形等各種形狀，繁殖方式多爲出芽生殖和分裂生殖。大部分的酵母不像黴菌，細胞並不會排列成線狀；當它們增殖時，四散的細胞會聚集在一起，組成球形、有黏性的團塊。但酵母和黴菌的區別其實是很模糊的，因爲有些酵母，例如人體常見的念珠菌，當生長條件發生變化時，它會長出黴菌般的絲狀結構。

儘管如此，由於許多酵母在發酵上扮演著很重要的角色，因此還是會將它們與黴菌區分開來。

大致上來說，舉凡啤酒、葡萄酒、日本酒、麵包，都是因爲釀酒酵母（Saccharomyces

cerevisiae）的作用而製成的。但就算是同一種酵母，其菌株也不盡相同，因此還是會分別使用適合於不同產品的酵母，比如說，釀製啤酒用的酵母，就是啤酒酵母。

釀酒酵母愛吃葡萄糖，會將之分解成酒精和二氧化碳。Saccharomyces 一詞來自希臘語，意指「砂糖和菌」；cerevisiae 則是取自拉丁語「啤酒」的意思。

酵母可用麥芽糖或葡萄糖爲原料進行發酵，但澱粉不行；至於葡萄酒，則是因爲葡萄汁裡含有大量葡萄糖，所以才能直接利用葡萄酒酵母發酵。

如果用大麥和米之類的澱粉爲基底來釀酒，需要先將澱粉分解成麥芽糖和葡萄糖，此過程稱爲「糖化」。舉例來說，啤酒的原料是大麥，讓大麥發芽變成麥芽後，就會形成澱粉酶；澱粉酶會將大麥中的澱粉分解成麥芽糖和葡萄糖，接著再用啤酒酵母發酵。日本酒則會將麴黴（酒麴）撒在酒米上，將澱粉分解成葡萄糖。

酵母使葡萄糖發酵後，除了生成酒精和二氧化碳，還會產生胺基酸、香氣成分等物質。

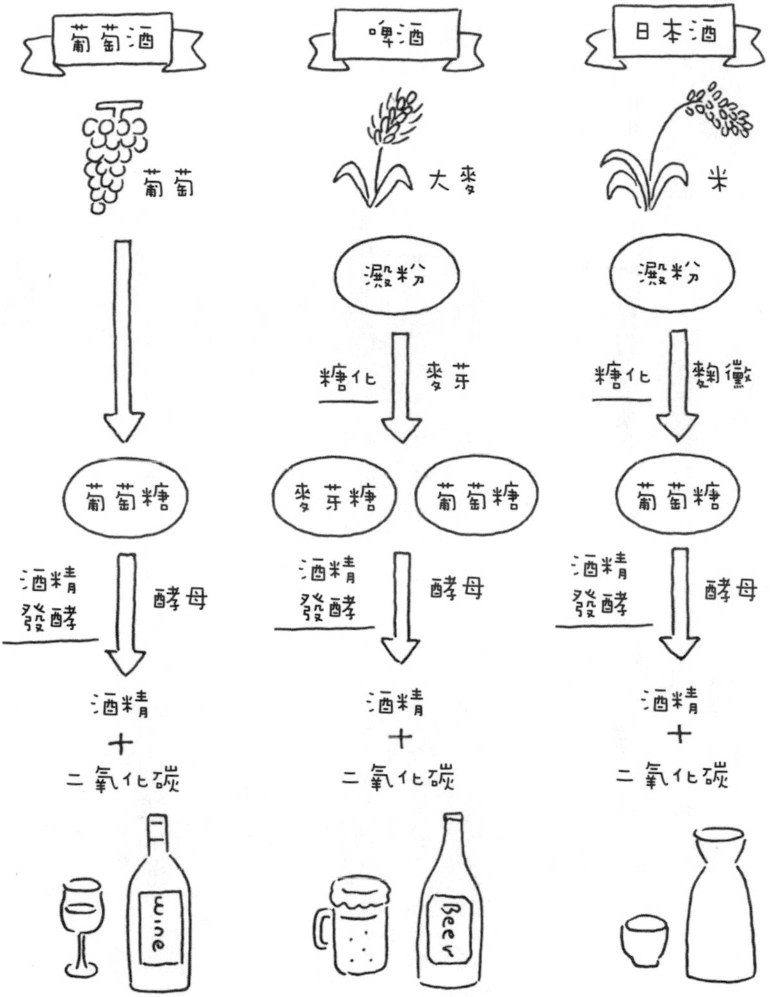
葡萄酒
葡萄
葡萄糖
酒精發酵
酵母
酒精
+
二氧化碳
Wine
啤酒
大麥
澱粉
糖化
麥芽
麥芽糖
葡萄糖
酒精發酵
酵母
酒精
+
二氧化碳
Beer
日本酒
米
澱粉
糖化
麴黴
葡萄糖
酒精發酵
酵母
酒精
+
二氧化碳

酵母促成的酒精發酵

不純，人們可是不喝的

進入中世紀的歐洲，修道院除了做爲學問的殿堂，也是啤酒的釀造中心，有些修道院還把啤酒釀造室直接設在麵包房隔壁。

進入十一世紀後半，由於人們開始使用啤酒花，啤酒的品質明顯提升，也使得這種加入啤酒花的啤酒逐漸廣傳開來。

一五一六年，慕尼黑公國的公爵頒布了一項法令，規定啤酒只能用大麥、啤酒花和水來製造，稱爲《啤酒純釀法》；後來又在法令中加上了酵母，變成**「麥芽、啤酒花、水和酵母」四種原料**。直到今天，德國仍承襲這項釀酒基準，這種傳統的無添加啤酒也依然是市場飲用的主流。

到了十六至十七世紀，啤酒釀造的工作從修道院轉移到國家或市民手上。在大航海時代，啤酒取代了容易變質的水，成爲最普遍的飲料：航向美洲大陸的五月花號上，就裝載了四百桶啤酒。換言之，如果沒有啤酒，就無法創造出陸續締造這些「豐功偉業」的大航海時代了（雖然對於「新大陸」的原住民來說，這無疑是莫大的災難）。

葡萄酒的歷史

葡萄酒是以打碎的葡萄汁爲原料釀成的酒。最早可能是因爲附著在葡萄皮上的天然酵母，才會產生酒精。

目前最古老的葡萄酒相關文物，發現於現今喬治亞（舊稱格魯吉亞）境內的高加索山脈周邊。二〇一七年，科學家針對當地發現的土器進行化學分析，檢測出其中含有以歐亞大陸地區葡萄釀造而成的物質。土器表面畫有成串的葡萄和跳舞男子的簡樸圖畫，而且這一帶也有葡萄酒釀造的考古遺址，從分析結果可以得知，至少在八千年前，這裡的人就已經很常飲用葡萄酒了。

在科學解開酒精使人喝醉的謎題之前，將穀物和果實變成酒的技術，可說是一種非常不可思議的現象，古人因此賦予它神祕性和宗教性。最具宗教代表性的酒精飲料，就是葡萄酒。它從美索不達米亞，經由埃及、克里特島傳入希臘化世界，廣受希臘、羅馬人民喜愛。

古希臘的葡萄酒不同於現在，質地濃郁黏稠，無法直接飲用，必須兌水稀釋後再喝。對希臘人來說，講究葡萄酒的稀釋比例、飲用方法，是一種強調自我格調的行為。

學術研討會其實是拿來喝酒的？

人們將紅色的葡萄酒視為酒神與豐收之神——戴歐尼修斯的「血」。在希臘人祭祀酒神的典型習俗當中，包括了一種名叫「symposion」的正式酒宴。

酒宴的與會者通常是十二人，最多不會超過三十人。酒會上，與會者一邊喝著兌了水的葡萄酒，一邊從高尚的哲學談到日常雜事，提出形形色色的話題互相討論，有時也會興高采烈地玩遊戲。由於長時間飲酒，狂歡作樂、爭執吵鬧也是常有的事。

酒宴會暴露出人類的本質，既有好的一面，也有壞的一面。哲學家柏拉圖在著作《會飲篇》（*Symposium*）中，描述老師蘇格拉底如何與酒宴上所有與會者討論愛的定義，凸顯在懂得適度節制的情況下，酒精（葡萄酒）所能帶來的好處。柏拉圖在雅典郊外創立了柏拉圖學院，教授哲學長達四十年，每天課程和討論結束後，他都會與學生一起用餐、喝適量的葡萄酒，並主張每個人都必須依循規定，不但要輪流和其他人說話，也傾聽對方的話。

柏拉圖所實施的這套酒宴形式，是「針對一個問題，須由兩名以上講者從不同角度陳述觀點，互相討論及辯論」，也因此成爲學術研討會（symposium）的詞源，在學術的世界裡流傳下來。如此一來，說是葡萄酒促進了希臘哲學的發展，應該也不爲過吧。

煉金術士與蒸餾酒

蒸餾，是利用物質的沸點差異，暫時讓物質變成氣體後，再予以冷卻和分離。

蒸餾常用到一種名叫曲頸甑的玻璃儀器，包括球形瓶身和一支開口向下的窄頸。只要加熱裝有液體的球狀部分，蒸氣就會在瓶頸處凝結，可沿著瓶頸將想分離的物質收集到另一個容器裡。在煉金術中，曲頸甑是廣泛運用的工具。

中世紀的煉金術士建立了製造蒸餾酒的技術。濃烈的蒸餾酒是經過多次蒸餾後製造而成的。第一次蒸餾出來的液體稱爲「燃燒的水」，酒精濃度六〇%。反覆蒸餾後，就會變成號稱「生命之水」（Aqua Vitae）、濃度約九六％的酒。僧侶和藥劑師會將藥草加入生命之水，當做珍貴的藥品使用，而席捲歐洲的鼠疫也成爲生命之水（蒸餾酒）普及的契機。即使在鼠疫疫情消退後，歐洲人依然保留了喝蒸餾酒的習慣，尤其是高酒精濃度蒸餾酒所具備「可以快速喝醉」的特性，擄獲了許多人的心。

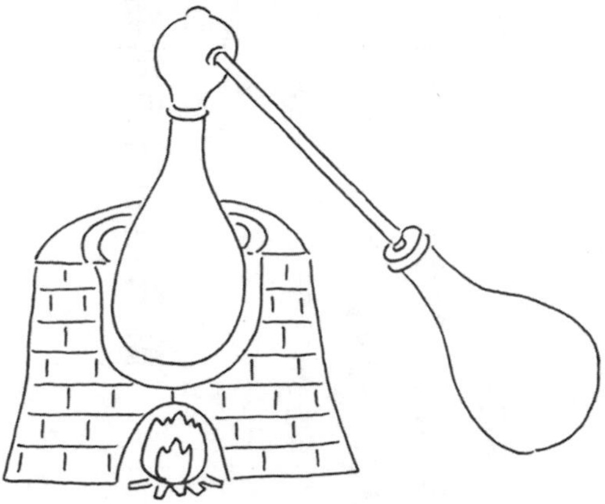
古埃及亞力山卓的蒸餾裝置範例

酒與靈魂密不可分

十二世紀左右，愛爾蘭首度釀出有「聖水」之稱、以穀物爲原料的蒸餾酒「威士忌」。到了十六世紀，威士忌在蘇格蘭已十分普及。

在大航海時代，船上原本載運的是葡萄酒和啤酒，但蒸餾酒不僅所占空間較小、讓船上可以裝載更多酒，而且較不易腐敗，適合長期保存，因此取而代之。

十七世紀，英國、法國、荷蘭在加勒比海群島開始種植可以製糖的甘蔗，爲了獲得更多勞動力，奴隸貿易因此變得興盛。可用來交換非洲奴隸的物品包括了布料、貝殼、金屬器具、水壺、銅板等物品，其中最貴重的是布料，不過蒸餾酒（葡萄酒蒸餾而成的白蘭地）也深受喜愛。

此外，利用生產砂糖時產生的副產品糖蜜釀製、既便宜又濃烈的蒸餾酒（蘭姆酒）也大受歡迎。蒸餾酒就這麼隨著大航海傳遍全世界，滲透人們的生活。

就這樣，世界各地出現了威士忌、白蘭地、伏特加等各式各樣的蒸餾酒，我們也才得以品嘗有著各種風味的烈酒（spirits，即蒸餾酒。是的，烈酒和靈魂是密不可分的）。

然而值得注意的是，這些酒精飲料在隸屬於世界衛生組織（WHO）、專門研究癌症的國際癌症研究機構（IARC）所訂立的致癌分級中，屬於「一類致癌物」，也就是對人類有明確的致癌性。

IARC的致癌分級，主要是針對與人類致癌程度相關的各種物質與因素進行評

1類致癌物	對人體有明確的致癌性（有明確科學根據）→包含酒精飲料在內，約120種物質
2A類致癌物	對人體有很高的致癌性
2B類致癌物	對人體的致癌性較低
3類致癌物	尚無法確定對人體是否有致癌性
4類致癌物	基本上對人體沒有致癌性

IARC的致癌性分級，主要是評估與人類致癌程度相關的各種物質、因素，並分成5種類別。

估，並分成五種類別。這種分類是根據人體實證（流行病學研究）和動物實驗所做的分級。

不過**IARC的致癌分級所指的，並非致癌的能力強度，而是證據強度。**也就是說，所謂的「一類致癌物」，並不代表攝取或接觸這類物質就會立刻致癌。它並未考慮到致癌的強度、攝取量和時間等風險的高低，只代表酒精飲料做爲致癌物質的「證據」強度非常高而已。

「一類致癌物」裡還包含了其他令人心驚膽跳的物質，像是砷及砷化合物、石棉、苯、鎘及鎘化合物、六價鉻化合物、甲醛、照射γ（伽馬）射線、

0.01%	微醺
0.05%	些微失控
0.10%	知覺能力下降、反應遲鈍
0.15%	情緒不穩定
0.20%	腳步不穩、嘔吐、精神錯亂（又哭又笑）
0.30%	口齒不清（言語含糊）、失去知覺、視覺錯亂
0.40%	體溫和血糖降低、缺乏肌肉控制力（無法自行站立）、痙攣、瞳孔放大
0.70%	意識障礙、昏迷、呼吸衰竭、死亡

急性酒精中毒症狀可依血液中的乙醇濃度分類

照射放射碘、照射陽光（紫外線）、戴奧辛、照射X光、吸二手菸、抽菸、會發射紫外線的助曬機……等等。

「乎乾啦」與酒精中毒

假使你持續喝酒、喝到超出身體的解毒能力，會發生什麼事呢？

首先，血液裡的乙醇含量會增加，超出腦部皮質負荷後，邊緣系統、小腦、腦幹等其他部位就會開始麻痺。若繼續再喝下去，就會一步步從酒醉、爛醉，到昏迷，甚至致死。這種現象就稱爲急性酒精中毒。

人喝下的酒精大約需要三十分鐘才會抵達腦部。如果開始喝酒後，因爲感受不到醉意而一杯接一杯持續喝下肚，等時間一到，血液中的酒精濃度就會迅速升高，造成突然失憶等症狀，最糟糕的狀況就是死亡。

一開始還能大聲喧譁的人，如果出現走路東倒西歪、腳步踉蹌、口齒不清，就別再喝了。雖然現在這種例子已經減少了很多，但要是強行勸酒、強迫乾杯的話，絕對有致死的可能；尤其是一口氣乾杯，其實是非常危險的行爲，千萬不能做。

人一旦酗酒，肝臟就會損壞，而飲酒也會提高引發社會問題的風險。更嚴重的是，一旦開始喝酒，腦部就會陷入「煞車失靈」的狀態，無法停止攝取酒精，爲職場和家庭帶來各種問題。

的確，不論是下班後、運動後、和親朋好友談話時，或想紓解平日壓力時，酒都是我們最棒的摯友；但別忘了，它有時也會搖身一變，成爲侵蝕身體與心靈的惡魔飲品。

第 8 章

從捏泥巴到御用餐具

顛覆石器時代的印象

人類開始用火後，不但懂得直接火烤或以燒熱的石頭煎熟食物，後來甚至學會用土器來炊煮。土器的發明，最早可追溯至約兩萬年前中國的江西省，以及約一萬五千年前的俄羅斯與中國南方。

土器主要是由粒子非常細小的黏土塑形而成。只要加水揉勻，黏土就會產生適當的黏性，捏成各種形狀後，再用火燒製。在這個過程中，黏土粒子有部分會融化、和其他粒子連結在一起，並在高溫燒製的狀態下變硬，如此一來，器皿就做好了。

早期的土器是露天燒製的，溫度約為攝氏六〇〇至九〇〇度。根據推測，當時大多數的土器都是直接在平地或在簡單刨出的凹處燒製而成。只要用土器煮熟，堅果類和根莖類不但都會變軟，澀味也都會消失；肉也一樣，烹煮後除了會變軟、鮮味也隨之大增，吃不完的肉還能曬成肉乾。

因為製作出土器，人類開始炊煮食物，並藉此攝取到富含營養的湯汁，可說是掀起了「料理革命」；換言之，這是人類過著定居生活的契機，之後才漸漸發展出以穀物為主角的農耕革命。不論是料理革命還是農耕革命，若是沒有土器，這些事根本就不會發生。

附帶一提，二〇二一年七月，日本有十七處考古遺址（北海道及北東北繩文聚落遺址群）獲列爲世界文化遺產，對了解日本的繩文時代具有重大意義。從其中的大平山元遺址（位於青森縣）出土了日本目前已知最古老的繩文土器，年代推估約爲一萬六千五百年前。

這是用「碳十四定年法」測得的年分。一般碳元素的質子數爲六、中子數爲六，相加起來的質量數爲十二；其中，也有些碳有七或八個中子。而中子數爲八、也就是質量數十四的碳元素，會引起放射性衰變（釋出放射線後變成其他元素）。

放射性衰變的速度可以透過實驗測定。**放射性元素的原子核有半數發生衰變所需要的時間稱爲「半衰期」**，而碳十四的半衰期爲五七三〇年。動植物還活著的時候，碳十四的攝入量和排出量會保持相同；一旦死亡，碳十四就只會因發生放射性衰變而排出，不會再攝入。如此一來，只要測量動植物遺骸的碳十四放射性衰變結果，就能計算出它距離原始狀態已經過多少時間。

但是，這個方法所推估出來的年代，卻大大顚覆了日本人過去在學校所學到關於繩文時代的知識。

日本人學到的繩文時代，應該都是這樣的：大約一萬兩千年前，有一群住在日本列島的人類，他們之所以稱為繩文人，是因為當時留下的土器表面帶有繩子的紋路，因此稱他們生存的時代為「繩文時代」。繩文時代距今約一萬兩千年至兩萬三千年前，屬於狩獵採集社會。等到彌生時代（約西元前三世紀到三世紀）出現稻作後，人們才開始過著定居生活。

現在，根據土器製作的技術，大致將繩文時代分為草創期、早期、前期、中期、後期、晚期等六個階段。考古學家之間對各時期的區分雖仍有異議，但以最長的時間來看，假設把土器最早出現的年代（約一萬六千五百年前）當做繩文時代的草創期，那就會比一直以來的定論再提早四千年以上。

關於定居的時期，日本南方的繩文人在大約一萬一千年前開始季節性的定居生活，到了約一萬至九千年前，才開始全年定居。其他地區的繩文人也一樣，基本上都過著定居生活。此外，現在的教科書也已修改相關內容，說明人類在繩文時代已過著定居生活。

在日本最大規模的繩文聚落——三內丸山遺址（距今約五千五百年前至四千年前，即繩文前期中葉到中期末年的聚落遺址），可以看出人類曾在聚落周圍栽種栗子樹、吃栗子，也會砍伐木材做爲住宅的梁柱使用。

這處繩文時代中期的遺址裡曾挖掘出許多翡翠、琥珀、黑曜石等礦物，特別的是，翡翠的原產地是新潟縣糸魚川流域、琥珀的原產地是千葉縣的銚子和岩手縣的久慈，可見當時已經出現與遠方交易的活動。此外，遺址裡亦可找到種植過紫蘇、葫蘆、大豆、紅豆，甚至是稻米等穀物的痕跡，還有許多製造土器時混入黏土中的玉米象蟲（專吃米的害蟲）和大豆留下的痕跡。

也許，繩文人早就開始栽培植物了，但是否已達到「農耕」的水準，仍有待商榷。即使可以從環境證據中確定當時的人會種稻米，大多數的考古學家仍認爲，這無法與以稻作爲農耕基礎的彌生時代相提並論。

今後，對遠古時期的年代區分和當時人類的生活想像，應該還會有很大的轉變吧。

磚塊與印度河文明

世界四大古文明（埃及、美索不達米亞、印度、中國）中的印度文明（約西元前三〇〇〇年～

西元前一五〇〇年。全盛期約爲西元前二三五〇～西元前一八〇〇年），是在二十世紀初期由英國人發現的。當時的印度是英國的殖民地，英國人發現哈拉帕遺址和摩亨佐─達羅遺址（兩者皆位於現今巴基斯坦）、深入調查後，才逐漸了解它的眞貌。這個文明是以印度河流域爲中心，建立在東西橫跨一千六百公里、南北縱貫一千四百公里的廣大範圍內。

印度河文明的特徵，就是用磚塊築成的建築群，和經過精密計算的都市計畫。市區裡規畫了五、六條幾乎涵蓋全區的東西南北向大道，而且每一條路都各自與其他小路交錯成幾乎爲直角、呈棋盤狀的網絡。櫛比鱗次的住宅以磚塊建造而成，家家戶戶都有水井，還設有炊事場和洗衣場。各家的排水口也都導向磚造的下水道。

磚塊做爲建築材料使用，始於美索不達米亞文明。從西元前四〇〇〇年起，約一千年的時間裡，人類一直都是使用在陽光下乾燥的日曬磚爲建材。然而日曬磚有項缺點，就是一旦遭受風吹雨打，就會碎成泥土。另一方面，印度河文明使用的是燒製過的磚塊，比日曬磚更堅固，也更具耐水性。

印度文明的覆滅是世界史上的一大謎團，原因眾說紛紜。其中一種說法是從自然環境惡化的角度來看，認爲人類爲了大量燒製磚塊而濫伐森林，反而導致洪水爆發，將所有文明淹沒。在印度文明之後，印度北部有雅利安人逐漸發展出來的哈拉帕農耕文化，或許印度文明並未完全滅絕，而是在各方面構成了日後印度次大陸文化的一大根源。

窯的發明

窯的出現，讓土器得以進行高溫長時間燒製。所謂的「窯」，是內部鋪設防火材料、外側包覆隔熱材料，可用高溫加熱物質的設備統稱。

燒製溫度夠高時，原料中所含的長石和石英等礦物就會熔解、變成有如上了釉藥的狀態，除了能產生如玻璃般的光澤，也會變得非常堅硬。這些以黏土、石英或長石爲原料，高溫燒硬的物品，就稱爲陶瓷器。

陶器的原料是黏土（陶土），通常以偏低的溫度（攝氏八〇〇～一二〇〇度）燒製，密度比瓷器低、容易破裂，所以會做得比較厚實。陶器表面通常會上一層釉藥後，再次燒製，塗上釉藥的部分會呈現玻璃般的光澤。保有樸素泥土質感的陶器導熱率多半比瓷器低，特色是不易變熱，但也不易冷卻。

瓷器的原料主要是含有礦物粉末的瓷土，以高溫（攝氏一二〇〇～一四〇〇度）燒製。高

美索不達米亞的窯復原圖（西元前3500年）

種類	特徵	產品
土器 	以較低溫度燒成。 多孔質，吸水性強。	花盆、屋瓦、 紅磚等。
陶器 	以較高溫度燒成。 多孔質，保有吸水性，敲打表面時會發出有點沉悶的聲音。	餐具類、地磚、 衛生陶器（馬桶、洗手檯）等。
瓷器 	高溫燒成。無吸水性， 硬度、強度都很高。敲打表面時會發出清脆的聲音。	餐具類、裝飾品 （花瓶、擺飾）、 實驗儀器等。

陶瓷器的分類

溫燒成讓瓷器的質地十分堅硬緊實，因此可以做得比陶器要薄。素坯呈白色，表面十分光滑，能襯托出鮮豔細緻的彩繪圖樣。

中國的瓷器發展

瓷器中，白瓷發源於中國南北朝時代的北齊（約五五〇年～五七七年），在唐代（六一八年～九〇七年）開始高度發展，並在接續其後的宋代（九六〇年～一二七九年）迎來全盛時期。白瓷採用以高嶺土（白陶土）、石英、長石等製成的黏土爲原料，用攝氏一三〇〇度左右的高溫燒製，成品爲白色硬質瓷器，既堅固又輕巧，是具有透明感、極爲光滑的美麗瓷器。

中東和西洋的貿易商，發現這種硬質瓷器具有很高的經濟價值；畢竟當時的歐洲人都是用木材、銀或土製容器喝飲料。十七世紀，硬質瓷器隨著喝茶禮儀一同從中國傳到歐洲，在不久後的未來掀起了一股熱潮。

就這樣，中國陶瓷在宋、元、明、清等時代（九六〇年～一九一二年）成爲重要的出口品，運送至遙遠的西亞和歐洲。經由印度洋運送至伊斯蘭文化圈的路線，甚至被稱爲「陶瓷之路」。

中國瓷器在十二世紀時傳到朝鮮；至於日本，進入十七世紀後，來自朝鮮的陶匠也開始在日本製造陶瓷。最有名的就是有田燒和伊萬里燒。

邁森的誕生

相較於中國，中世紀的歐洲還無法製造出硬質瓷器，因此各國的王公貴族、事業家無不卯足全力、試圖研究出它的製造技術。

其中，薩克森選帝侯，也就是有「強力王」之稱的奧古斯特二世（Augustus II the Strong），不只將蒐集來的瓷器裝飾在城堡裡，還囚禁了煉金術士約翰・菲德瑞希・波特格（Johann Friedrich Böttger），威脅若沒找出瓷器的做法，就殺了他。波特格只好嘗試用各種白色礦物進行系統性實驗。

終於，他得知當地可以開採到高嶺土，事情才有了轉機。一七〇八年，他做出近似瓷器的器皿；一七〇九年，他終於解開白瓷製造之謎；一七一〇年，歐洲第一座硬質瓷器窯「邁森」（Meissen）正式誕生。直到現在，邁森依然是德國名窯，為歐洲頂級白瓷的生產重鎮。

位於易北河畔的古城邁森附近，有一座賽里茨礦山，不但可以露天開採高嶺土，也可輕鬆透過易北河運送材料和產品。賽里茨礦山成為邁森公司自家的礦山，即使現在已無法露天開採，仍透過坑道式開採，挖掘高嶺土。

少年威治伍德的陶瓷生產技術

直到十八世紀前，歐洲尚未試過批次大量生產同款的碗盤、茶壺、茶杯等器皿，這些繽紛多彩的陶瓷器，都是由匠人一件件細心手工製作的。即使顧客訂購同款瓷器，也無法保證每一件的形狀和色彩都相同。

接下來，我們就從美國作家查爾斯．帕納蒂（Charles Panati）的著作《日常事物的特殊起源》，來看約書亞．威治伍德（Josiah Wedgwood）的標準化陶瓷生產技術吧。

一七三〇年，約書亞・威治伍德出生在英國史丹佛郡一個工匠家庭裡，九歲起便在家傳的陶藝廠工作。好奇心旺盛的約書亞在各種試錯後，毅然決定拋棄傳統工法，挑戰標準化的陶瓷生產方法。

後來，由於他與兄弟感情不睦，便在一七五九年時自立門戶，開設陶瓷工房。他仔細記錄釉藥和陶土的配方、燒製時的火力，不停反覆實驗，終於在一七六〇年代成功製作出顯色穩定、高品質且能完整重製（重複生產）的陶瓷器，並具有相當高的藝術性。

當時，英國的工業革命正迎向黎明期，蒸汽機和低薪勞力大幅提升了陶瓷工廠的生產力。一七六五年，他還接到了英王喬治三世的王后夏洛特的全套茶具組訂單。

翌年，這套王室御用產品獲封「皇后御用瓷」稱號，全歐洲的王公貴族都深受威治伍德的產品吸引。喜愛陶瓷的俄羅斯女皇葉卡捷琳娜二世，也向他訂購了共兩百套、合計九百五十二件的皇后御用瓷餐具組。

因此成爲大富豪的威治伍德在一七九五年逝世，大部分遺產都留給了女兒蘇珊娜・威治伍德・達爾文（Susannah Wedgwood Darwin）；而蘇珊娜的兒子就是提出「演化論」的查爾斯・達爾文（Charles Darwin）。受到外祖父庇蔭，達爾文一生活得無拘無束，鎮日埋首於研究中，從這個角度來看，生物學能有重大發展，也可歸功於威治伍德的莫大貢獻。

附帶一提，直到今天，威治伍德仍是全球規模最大的陶瓷製造商之一。

製作混凝土的水泥

屬於陶瓷材料之一的水泥，主要用於建造鋼筋混凝土建築和橋梁。鋼筋混凝土是將鋼鐵製的棒狀物組合起來做爲骨架，外層再包覆添加了砂和礫石混合而成的水泥以增加強度；水泥與水調合之後，就會硬化，成爲混凝土。

水泥是把石灰石、矽石、氧化鐵、黏土打成粉末混勻，放進大型旋轉爐內，用攝氏一四五〇度的高溫加熱，燒成顆粒狀（水泥熟料）；接著，加入約三%到五%的石膏，再打成粉末。

早在古羅馬時代，就已經開始使用混凝土了；畢竟拿坡里郊外的波佐利（Pozzuoli）就有現成的水泥。在過去的數百萬年間，這裡一直都堆積著火山噴發的熔岩和火山灰。於是羅馬人用幾乎無異於現代的水泥製法，將這些經過高溫加熱、並堆積在噴氣孔的岩石粉末挖出來，再混入石灰和碎石。用「混凝土」建造的萬神廟穹頂已有兩千年歷史，至今仍是全世界最大的無鋼骨混凝土穹頂。然而，在羅馬人停止建造後，人類便有千年以上不曾再建過混凝土建築。這項技術失傳的原因，至今仍是個謎。

順便一提，混凝土的抗壓性很高，但是不耐拉扯和扭轉，所以建造一般的建築物和水壩時，都需要搭配鋼筋。鋼筋混凝土出現在歐洲工業革命初始時期，這樣的搭配遍布全球各個都市，我們就在這其中生活度日。

陶瓷產品與陶瓷材料

不論是陶瓷器、磚塊等經過高溫燒製的產品，或是水泥、防火材料，凡是用含有天然礦物的石塊或黏土塑形、經過高溫燒成的產品，都可稱爲陶瓷。陶瓷產品的英語是「ceramics」，但如果是指構成陶瓷的材料，則用單數的「ceramic」；這是爲了有所區分，才用複數形的「ceramics」來指稱器物。

由於陶瓷有不生鏽、耐熱、堅硬、可任意塑形、不易受藥品腐蝕的性質，因此有越來越多物品改以陶瓷材料來製作。此外，最近也有些陶瓷產品使用了新的原料，由於具

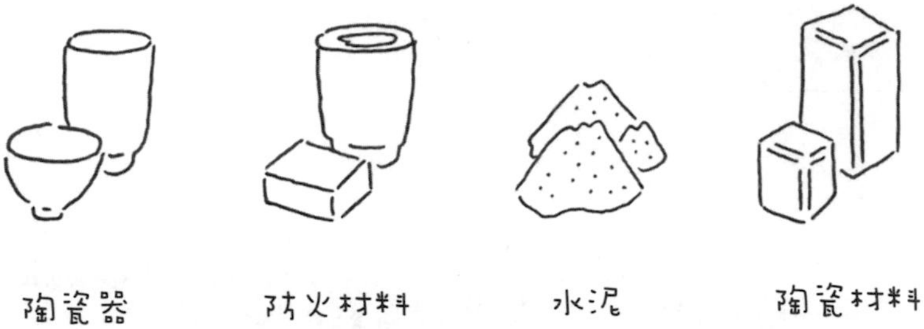

陶瓷

備了耐熱性和硬度以外的全新性質，而獲得廣泛運用。所以，現在**凡是「使用無機非金屬材料，在製造過程中使用高溫處理的物品」，都可以稱爲陶瓷**。

生活中隨處可見陶瓷產品，以菜刀、削皮器的刀片爲例，都是以二氧化鋯（氧化鋯）爲原料，利用它高硬度（硬度僅次於鑽石）、高強度且可塑形的特性製成。陶瓷刀具的特徵是不易生鏽、鋒利度持久，又不易沾染食物的氣味。

此外，如果是用在對精密度和性能有特別要求的產業（如電子業），這樣的陶瓷產品大多稱爲「工業陶瓷」或「精密陶瓷」，以和一般的陶瓷產品區隔。

以幾項常見的工業陶瓷材料爲例。比方說，鋁氧（氧化鋁）和氮化矽的耐熱性、耐磨耗度和絕

種類	特徵和用途
鋁氧（氧化鋁）	具耐熱性、耐磨耗性、絕緣性，是廣泛使用的精密陶瓷材料。可製造IC載板、切割工具、軸承、噴嘴等等。
氮化矽	耐高溫、耐熱衝擊性，質輕且耐腐蝕性強。可製造汽車引擎零件、軸承、切割工具等等。
二氧化鋯（氧化鋯）	具高強度和韌性，熔點高達攝氏2700度。可利用其耐熱性做為含氧感測器，用來測量氧氣濃度，提升汽車引擎的燃油效率、設定最適當的燃燒條件等，也可製造剪刀、菜刀等刀具。
鈦酸鋇	主要用於製造電容器。
鋯鈦酸鉛	常用的壓電材料，接收電磁波訊號時會振動，也可反過來利用振動轉換成電磁波訊號。可製造壓電元件、壓電振盪器、超音波清洗機、紅外線感測器等等。

精密陶瓷材料範例

緣性都很優異。氧化鋁可用來製造ＩＣ載板、切割器、軸承、噴嘴等；氮化矽則可用於製造汽車引擎零件、軸承、切割工具等等。

二氧化鋯的熔點高達攝氏二七〇〇度，屬於耐熱性陶瓷材料。它可做爲含氧感測器，用來測量氧氣濃度，可提升汽車馬達的燃油效率、爲排氣設定最佳燃燒條件等。此外，二氧化鋯的晶體是透明的，具有類似鑽石的高折射率，所以也廣泛用於製作飾品。

鈦酸鋇可用於製造電容器；鋯鈦酸鉛可用於製造壓電元件❺、壓電振盪器、超音波清洗機、紅外線感測器；氧化錫則可作爲可燃性氣體的感測器。

另外，鋁氧、二氧化鋯、羥磷灰石（牙齒和骨骼的主要成分）……也都是製造人工關節、人工牙根和人工骨骼的陶瓷材料，用途相當廣泛。

最初，人類將泥土捏塑成容器的形狀後燒硬，做為保存或炊煮食物之用。炊煮能使肉類軟化、釋放出鮮味，且更容易消化，還可以去除菇類、堅果及根莖類的澀味與雜質，變得柔軟易食。最重要的是，炊煮可以殺菌。

陶瓷不只能做成容器的形狀，還能做成瓦片、排水管、瓷磚、磚塊等建材，也能做出廚房流理檯、廁所馬桶等符合衛生用途、具有各種形狀的設備。當然也能製造出混凝土，建造出房屋與水壩等社會建設的基礎。

陶瓷還能製成具備更高性能的陶瓷材料，大幅擴展用途，相信今後應該還會再研究開發出各式各樣的種類和用途吧。

與金屬、塑膠相比，陶瓷最大的優點是「最後會回歸大地」。我個人前往印度旅行、喝印度奶茶時，深深體會到了這一點。當地人用粗陶製成的容器盛裝奶茶，喝完後

---

❺指透過施加力（壓力）產生電壓；或與之相反，透過施加電壓而產生變形的元件。

便直接把容器摔碎在地上。四分五裂的容器經過許多人踩踏，逐漸碎成粉末，最後融入土壤之中，回歸大地（不過遺憾的是，最近印度的塑膠容器也越來越多了）。

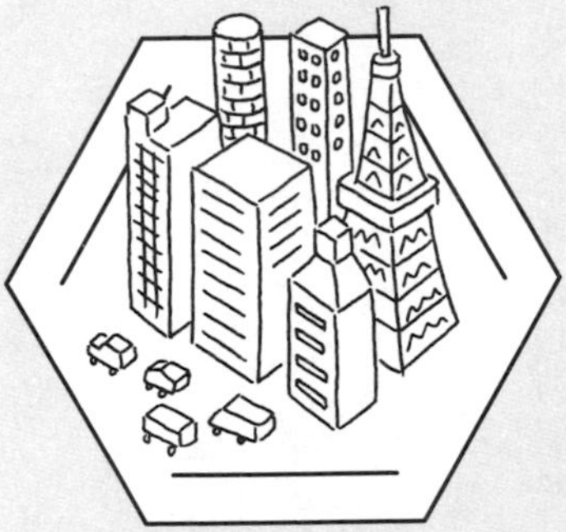

第 9 章

被玻璃改變的

生活風景

充斥著玻璃的現代

從早上起床到就寢之前，我們接觸到的玻璃製品多得驚人。

下床後打開開關，外面包覆著玻璃的日光燈或LED燈就會照亮室內。倒映出你臉龐的鏡子，也是玻璃材質。此外，餐桌上也少不了玻璃碗盤和杯子。看看電視機、智慧型手機、電腦，它們的螢幕上都覆蓋著玻璃。透過玻璃窗，陽光照進屋內，讓氣氛煥然一新。出門上班吧！無論搭的是汽車、公車或捷運，窗戶都是玻璃製的。當然，職場和學校的建築也都使用了大量玻璃。

活在現代，你無法想像一個沒有玻璃的生活空間。

玻璃的特徵是透明、容易成形。一九五九年，英國的皮爾金頓公司推出了一項平板玻璃工業的革命性發明，那就是浮法玻璃（亦稱「退火玻璃」）。

浮法玻璃是將鍋爐裡的玻璃熔融液加熱到約攝氏一六〇〇度，再倒入熔化的錫漿裡，玻璃熔融液浮上錫面後，便會均勻延展開來。液態金屬表面是完全平滑的，可以將逐漸冷卻、自然變得平整的平板玻璃不斷引出錫槽。之後也不需要打磨，這樣就能製成

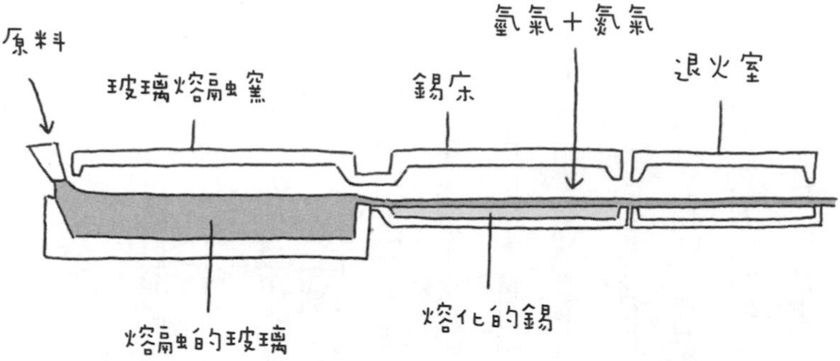

浮法玻璃，錫床內充滿了防止氧化的氫和氮混合氣體

兩面幾乎完全平滑的平板玻璃。

此外，設備大型化也提高了生產力並促進節能。玻璃工業爲了因應汽車業界的需求，製造出又薄又平整、厚度爲○・二到○・三公厘的浮法玻璃，後續更進一步開發薄板化技術，得以生產厚度僅有○・○七公分到○・一一公分的超薄玻璃。

玻璃工業分爲平板玻璃、光學玻璃、玻璃器具（瓶罐、家用器具、裝飾品等）三大部分，平板玻璃即爲重心所在。

玻璃的缺點是堅硬易碎、耐熱但不耐劇烈溫度變化。因此後來開發出碎片不至於飛散的夾層玻璃、破碎後會變成細小顆粒的強化玻璃，以及耐高溫的耐熱玻璃。

玻璃的起源

人類是什麼時候開始製造玻璃的呢？如果是自然界的話，倒是有黑曜石（黑曜岩）這種玻璃質地的岩石，曾在石器時代當做匕首使用。

關於人類如何發現玻璃，說法有很多。玻璃的材料取自岩石和砂礫中的成分，主要有矽砂（石英）、碳酸鈉（純鹼，天然鹼）、碳酸鈣（石灰石）。目前已知全世界最古老的玻璃，是在埃及和美索不達米亞遺址中出土的玻璃球。在埃及第四王朝（約西元前二四世紀）的遺址裡，還保留了吹製玻璃的圖畫。另外，考古學家也推測，在西元前五〇〇〇年左右的美索不達米亞，就已經懂得製造玻璃球了。

古埃及和美索不達米亞地區在大約西元前四五〇〇年時，就已有製造藍色陶器「古埃及彩陶」（Egyptian faience）的技術。這是用來代替當時非常貴重的綠松石和青金石，廣泛製作成裝飾品和陪葬品。這種彩陶的釉藥材質與玻璃相同，燒製後表面會變成玻璃質地。以這種方式製成的物品，應可說是最早的玻璃。

另外，還有一則軼事。

兩千年前的古羅馬學者老普林尼（Gaius Plinius Secundus）曾在著作《自然史》中提到，三千年前的腓尼基（現在的黎巴嫩），有位純鹼商人準備生火炊煮時，因爲找不到架鍋子的石頭，於是拿成塊的純鹼當鍋架，沒想到裡面混入了砂，結果就這樣燒成了玻璃。

但這段文字十分令人起疑。除非砂子裡偶然混入矽砂（石英）和碳酸鈣（石灰石），否則這件事根本無法成立；更何況，區區柴火的溫度，眞的能燒出玻璃嗎？

我曾在高中化學課堂上做過「鉛玻璃」。這是用較低溫度就能製成的玻璃，原料只需要矽砂粉末、氧化鉛和碳酸鈉就可以了。我將兩只花盆疊在一起做成火爐，再架上裝有原料的坩堝，以瓦斯噴槍加熱。只要使用能維持在攝氏八〇〇度的熱源，就能將坩堝裡的原料熔成液體。雖然這麼說對老普林尼很抱歉，但我實在不相信光靠柴火的火力，就能燒出比鉛玻璃需要更高溫的玻璃。

總而言之，就當做那時候眞的碰巧做出玻璃吧。後來，人們將玻璃熔融液倒入模具（鑄造玻璃），或是用棍棒沾裹泥漿做成的芯，再捲起玻璃熔漿的方法，製造出玻璃壺和瓶罐。

吹製玻璃的發明

在大約西元前一世紀，發明了吹製玻璃。往燒熔、變得黏糊的玻璃熔融液裡吹入空氣、待其冷卻以後，就會變成薄透的球體，可以做出盛裝飲料的容器。後來以這種方式製造出來的玻璃製品，開始成為普及的日常用品，並在羅馬帝國內流通，後來就把這種玻璃器皿稱為「羅馬玻璃」。

另外，中國戰國時代（約西元前五世紀～西元前三世紀）的墓葬裡，出土了大量的玻璃器具和玻璃球。之後，漢代（西元前二〇六年～二二〇年）開始製造鑄造玻璃，唐代（六一八年～九〇七年）則開始製造吹製玻璃。玻璃工法在漢代時從中國傳入日本，根據推測，曾在彌生時代（約西元前一〇世紀～三世紀中期）遺址裡發現的玻璃球，應該就是日本最古老的玻璃。

到了五世紀左右，出現了玻璃切割法。此時繼承羅馬玻璃工藝的是薩珊玻璃。相關技術透過絲路傳到薩珊王朝所在的波斯、並在當地製造的薩珊玻璃，特徵是圓形的花紋切割，日本奈良東大寺正倉院裡收藏的白琉璃碗，就是其中之一。

在西元五到十四世紀左右，則有伊斯蘭玻璃繼承了薩珊玻璃工藝。此時出現了更新、更進步的加工技法，其中最具代表性的，就是施加琺瑯彩的搪瓷工法。

十二世紀左右，當時的威尼斯共和國要求玻璃工匠及其家人全部遷居穆拉諾島，藉此保護玻璃產業並培育職人。彩色玻璃、琺瑯彩、蕾絲玻璃等美麗的裝飾與高度玻璃工藝技術大放異彩，到了十五至十六世紀，當地玻璃產業迎向鼎盛時期，製造出鏡子、酒杯、餐具、吊燈等各式各樣的威尼斯玻璃。

將玻璃窗實用化的德國人

史上第一次把玻璃加工成窗戶的，是西元前四〇〇年左右的羅馬人；只是對溫暖的地中海型氣候來說，玻璃窗不過是個沒用處的稀奇東西。

附帶一提，窗戶的英語是「window」，這個詞是由「wind」（風）和「ow」（窺視、眼）組成的。在歐洲北部，舊式住宅的屋頂都有洞口做為排煙和換氣之用，也就是所謂的「眼」。風會從那裡吹進來，因此這個洞又稱做「風眼」，也就是「window」。後來，窗戶才開始嵌上玻璃。

人類在西元前一世紀左右發明了吹製玻璃，能製造出品質優良的玻璃窗。而使玻璃窗生產技術大幅躍進的，是中世紀初期的德國。對於住在歐洲北部，必須忍受寒冷天氣的德國人來說，透明且具有防水性的玻璃窗，是可以在採光的同時擋風遮雨的好東西。

玻璃工匠製造玻璃窗的方法之一，稱爲圓筒法。這種方法是先將熔融的玻璃吹成球狀，接著前後甩成橢圓筒型，再縱向切開壓成平板。雖然這樣只能做出小尺寸的玻璃板，不過只要用鉛接合，就能做成一扇大玻璃窗了。

此外，用釉藥染色的彩色玻璃與彩繪玻璃，也在這段時間成爲炫耀財富和品味的手段，運用在教會建築上；後來逐漸從教會擴及富裕家庭，要過了更久之後，才廣爲一般大眾使用。

用圓筒法製成的玻璃窗，直徑最大只有一公尺左右；不過到了十七世紀，隨著玻璃工法的進步，已經可以製造出寬四公尺、長兩公尺的平板玻璃了。因爲一六八七年發明了壓延工法，可將高溫熔化的玻璃熔融液均勻倒在大鐵板上，再用很重的金屬滾輪碾壓延展成大片玻璃。

在煉金術中大顯身手的玻璃儀器

在煉金術中，火的用途非常多。它可以將物質透過加熱融化、分解、灰化、蒸餾、溶解、蒸發、過濾、結晶、昇華（固體直接變成氣體）、製成汞齊（將金屬熔於水銀中做成合金）等等。

因此，首先需要的是窯爐之類的熱源和坩堝。只要在黏土裡加入砂子拌勻、燒硬後，就能做成耐火的坩堝。在煉金術出現以前，人類就已經有火爐和坩堝了，另外還有玻璃。

在煉金術盛行的時代，大多使用玻璃或陶器製成現在所謂的燒杯和燒瓶，而蒸餾時常用的是玻璃曲頸甑。現在也很常用的玻璃實驗儀器，大多數都是源自煉金術盛行時期的器具。

另外，還有很多工具都是用玻璃製成的。例如玻璃可以做成透鏡：望遠鏡的發明拓展了人類對宇宙的認識；顯微鏡的發明則是對細胞學、微生物學、醫學等領域貢獻良多。玻璃的主要原料矽砂（石英）是由二氧化矽（矽和氧的化合物）所組成。平常所看到無色

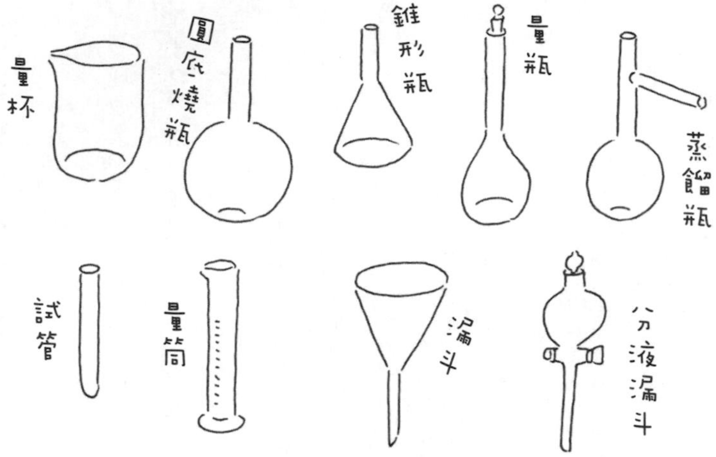

常見的實驗室玻璃儀器

透明、呈六角柱形的水晶，就是二氧化矽的結晶長大形成的，內部爲矽原子和氧原子互相連結而成的規則立體構造。

像水晶這樣的固體，其構成物質的原子、分子和離子會相互連結，並以一定的幾何規律排列而成，稱爲晶體。但由於在二氧化矽的立體結構中加入了鈉離子和鈣離子，使得玻璃擁有不規則的固體結構；換言之，它是一種非晶形固體。玻璃的原子排列並不規則，就是它與晶體最大的差別。此外，玻璃的溫度上升後，並不會在特定的溫度液化（熔解），而是軟化，變成具有流動性的材料。

為什麼玻璃是透明的？

所有物質都是由原子所組成的，原子則是由原子核和圍繞在四周的電子構成。原子的大小只有一億分之一公分，而中心的原子核更是只有這個大小的十萬至一萬分之一左右，四周的電子也非常微小。

如果把原子剖面想像成一座直徑一百公尺的操場，那麼原子核的大小約跟一粒米差不多。因此所有原子的內部大多是空蕩蕩的，光不會撞擊到原子核和電子、直接穿透的可能性非常高。

但很多東西之所以不透明，是因爲可見光在物體表面和內部散射，或可見光被構成物體的物質所吸收，才無法穿透。因此，一件物品之所以看起來是透明的，除了「不會使可見光散射」外，還有「不會吸收可見光」。

比方說，擁有金屬般的表面、會使可見光散射的物體，看起來絕對不是透明的。也有像透明塑膠板這樣，全新的時候看起來是透明的，一旦表面有了損傷、導致光線散射後，就變得不再透明。原本透明的冰塊也會在削成刨冰後失去透明度，這是因爲物質的結構中一旦產生邊界面（boundary surface），看起來就不會是透明的。

就這麼剛好，玻璃的結構裡沒有邊界，它是一體成型的，所以光線不會在表面和內部散射，而且也幾乎不會吸收可視光，光線可以直接通過。

順道一提，玻璃對紫外線而言，並不能算是完全「透明」的。它會吸收一部分紫外線，所以穿透玻璃的陽光才較不容易曬傷皮膚（不過這終歸只是和直射日光相較來說）。

串連網路的光纖

現在大家所使用的網路線必定都連接著光纖。支撐資訊科技的光纖，其本體是直徑只有一二五微米的細玻璃線。玻璃的主要成分爲二氧化矽，光纖則會再另外添加二氧化鍺，製成折射率高的纖芯。纖芯的直徑爲九微米，傳輸資訊的光（近紅外線，是紅外線中波長最短的）主要就是透過纖芯傳導。

由於玻璃線和纖芯的折射率不同，通過纖芯的光會在邊界面不斷以全反射（一種特殊的光學現象）的方式前進，由於沒有折射導致的光線損失，因此能一路傳輸至遠方。

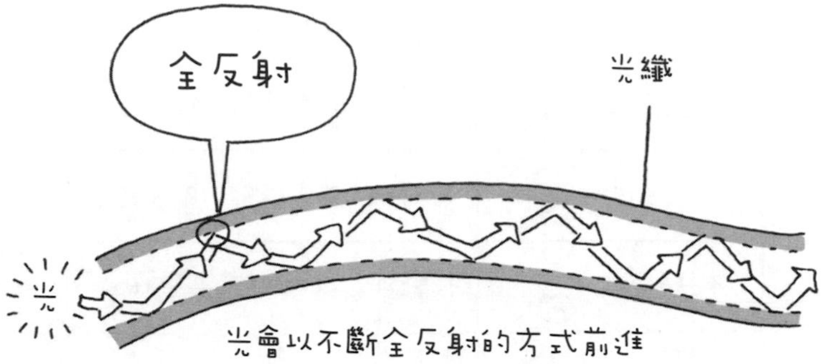

光纖傳輸的原理

另外，爲了讓光線能傳送到遠方而不致減弱，光纖是以透明度非常高的高純度材料製成，將數根到數百根不等的光纖合成一束後，構成了光纖纜線。傳送到各個家庭的網路線裡都含有一根或兩根光纖，基地臺之間則是使用含有一千根光纖的纜線。

另外，橫跨太平洋的海底電纜，爲了能夠沉在深海裡，特地以非常堅固的構造製作；淺海的纜線則是捲上鐵線，以防鯊魚等生物啃咬。

未來的玻璃

生活周遭用玻璃製成的物品非常多，例

透明度	透明。亦可著色使其變得不透明。
非滲透性	氣體和液體無法滲透。
耐腐蝕性	耐酸蝕，不會溶解、不生鏽。
耐熱度	在數百℃以內都不會變化。
絕緣度	不導電。

玻璃的性質

如：玻璃窗、瓶子、杯子、鏡子、餐具……等。而除了這些日用品，試管、燒瓶等實驗儀器、透鏡和玻璃纖維也都是玻璃製成，用途十分廣泛。它具有高透明度、氣體和液體無法滲透、耐酸、不會溶解、不生鏽、高耐熱性、可任意塑形等性質。

玻璃的缺點則是遇到強大的衝擊會破裂，在快速升溫或降溫時容易損壞。不過，就以大幅改變生活和媒體傳播方式的智慧型手機爲例，它裡面就包含了能支援液晶螢幕功能、厚度不到〇．一公分的玻璃；能保護螢幕，薄透又不易破裂的玻璃；以及將影像色調校正得更鮮豔的玻璃……這些玻璃都講究不易受損、不易破裂、可適應溫度變化。現在需求量越來越大的，並不是傳統平板玻璃般的厚玻璃，而是超薄玻璃。

全球平板玻璃公司龍頭旭硝子（現在的AGC），在二〇一一年五月，以浮法玻璃工法研發出厚度僅〇・〇一公分的超薄玻璃。二〇一四年五月，該公司成功用浮法玻璃工法，將〇・〇〇五公分厚的超薄玻璃，捲成寬一百一十五公分、長一百公尺的圓筒。這種超薄玻璃的透明度、耐熱度、耐腐蝕性、氣體阻絕性、絕緣性都十分出色。它可以發揮其輕量柔軟的特性，用來製造電致發光❻照明設備、觸控式螢幕等等。

至於建築用的平板玻璃，因爲亞洲各國有許多新興的平板玻璃公司掘起，傳統玻璃公司很難與其競爭。今後，玻璃的發展應該會逐漸走向以超薄玻璃的技術革新來因應市場競爭，值得大家矚目。

---

❻Electroluminescence（EL），或稱電場發光，指電流通過物質時或物質處於強電場下發光的現象，在消費品生產中有時稱為冷光。

第 10 章

金屬孕育出的

鐵器文明

現代金屬多采多姿

丹麥考古學家克里斯蒂安・湯姆森（Christian Thomsen）將人類文明大致區分爲「石器時代」（再分爲舊石器時代、新石器時代）「青銅器時代」「鐵器時代」這三大階段。之所以分成這三個階段，是時任古代北歐博物館（丹麥國立博物館前身）館長的湯姆森，將館藏依照工具（尤其是刀具）材質的變化爲基準，分成石、銅、鐵三類展示，而這項分類也一直沿用至今。

人類文明是由石器逐漸進展至金屬器，即使是現代，仍處於鐵器文明的延長線上。金屬可以任意加工，且質地堅硬，實用性也很高，讓文明得以大幅進展。金屬器一開始是青銅爲主，後來發展到鐵，再後來才由鐵和碳合成的鋼當上主角。鋼的質地堅硬強韌，是製作工具、武器、機械和建築的材料。

鐵也可以和其他金屬製作出性質優異的各種合金，由此可見鐵的用途十分廣泛。就目前來說，產量最多的金屬無疑是鐵，其次則是鋁和銅。

含碳量	種類	用途
約0.3%以下	低碳鋼	鋼管、建築材料、鐵板、鋼鐵線、輪軸、機械類
約0.3～0.7%	中碳鋼	木工用具、齒輪、彈簧、銼刀、車輪、小刀、剃刀、鋼珠
約0.7%以上	高碳鋼	鋼筆筆尖、彈頭

碳鋼

鑄鐵與鋼

用高爐（blast furnace，高度約八十到一百公尺不等）**製造出來的鐵稱爲「生鐵」**——簡單來說，就是把鐵礦石熔化後分成生鐵和渣；**生鐵可製成鑄鐵和鋼：碳含量二%以上的鐵就是鑄鐵**（絕大多數的鑄鐵含碳量在三%以上）。鑄鐵的熔點較低，熔化後可依需要倒入鑄型，凝固後就可做爲器物使用。只要利用鑄型，便能大量生產出形狀和尺寸相同的物品。

若將生鐵放入轉爐（converter）**或平爐**（open hearth furnace）**處理，將碳含量降至約四%至二%以下，就能製成碳鋼**（也稱普通鋼；又，絕大多數的鋼含碳量都在一%以下）。

碳鋼的含碳量越多，強度和硬度就越高；但相對的，延展性和耐鍛敲的程度也越低。此外，鋼經過熱處理（如退火、淬火和回火）後，性質會大幅產生改變，這也是它的一大優點。

相對於碳鋼，還有一種鋼稱爲「特殊鋼」，是添加了錳、鎳、鉻、鉬等金屬，或是經過成分調整後製成的鋼，具有優異的強韌度、耐熱性、抗腐蝕性，可以在普通鋼無法耐受的嚴苛環境下使用。

鐵曾比黃金更貴重

自然金屬（native metal）包括金、鉑，還有少許的銀、銅、汞等等。這些天生就以其元素形態純粹存在的金和鉑，又稱爲自然金、自然鉑。它們的特徵是活性較低、較不易變成金屬離子（離子化）。

金屬在離子化的過程中，原子會失去電子、變成陽離子；另一方面，氧原子和硫原子很容易獲得電子、形成陰離子。前面提過，大部分金屬會與氧或硫等元素結合，這是因爲帶正電的陽離子和帶負電的陰離子，會因爲正負電荷的吸引而結合，形成氧化物或硫化物（礦物），所以大多數金屬才會以這種姿態存在於自然界裡。

離子化傾向較低的金屬難以形成陽離子，主要以「自己人跟自己人玩」的自然金或其他自然金屬存在；即使形成陽離子，也很難與其他陰離子結合；就算結合後，也很容易分離，終究還是會變成自然金屬。

另一方面，在冶煉鐵出現之前，來自太空的鐵隕石（主成分爲隕鐵）是最主要的金屬鐵來源，但數量非常少，所以比起黃金，鐵在古代是更爲昂貴的金屬。古希臘的歷史與地理學家史特拉波（Strábōn）在著作《地理學》中，記載著金與鐵的兌換比例爲十比一。這是因爲當時的鐵主要來自隕鐵，非常貴重之故。

古代社會最早使用的金屬是金和銅。黃金主要用於製作裝飾品。西元前三五〇〇年左右，美索不達米亞和埃及進入了青銅器時代。克里特島的克諾索斯王宮，曾在約西元前三〇〇〇年左右使用過銅；考古學家還曾在埃及金字塔內發現距今約五千年前的銅製水管。

青銅器好好用

大多數金屬元素都會與氧或硫形成化合物，並以岩石（礦物）的形態存在，或是以離子態存在於海水中。後來，人類知道可以將礦石和木炭混合加熱，使其還原、取得金屬的技術。這就是將火的化學反應運用於生產技術的一種體現。

所有金屬器具中，人類最早使用的是青銅器——是銅和錫的合金。由於銅與氧的結合力並不強，所以能輕易從氧化銅礦石中取出銅。青銅的出現，可能是人類在含有銅、錫礦物的地方燒柴生火時，偶然發現的吧。後來也推測出，人類應該是將銅礦石、錫礦石、柴薪（做為燃料的細枝和木柴）分層堆疊並點燃，以製成青銅。

之後，木炭取代了柴薪，在石頭堆疊成的高溫火爐裡使礦物產生化學反應。如果用風箱將空氣送進爐中，溫度會更高，反應也更快。

接著，收集所獲得的金屬放入土罐（坩堝）、架在爐上，再以風箱送風、加熱後，使金屬熔化成液態，就能倒入鑄型中塑形。

西元前二〇〇〇年左右的埃及壁畫上，出現了踩踏式風箱和鑄型；另一方面，在古代中國的商朝、地中海的邁錫尼文明、米諾斯文明及中東等地，也都已開始廣泛製造並使用青銅器，迎向青銅器時代。

純銅的質地柔軟，但與錫製成合金後，便可透過調整錫的比例來改變硬度。青銅比純銅更堅硬，所以普遍做為農具（如鋤頭、鐮子）和武器（如刀和矛尖）。比起石器，青銅器不但更不易短缺，也不容易變質；一旦損壞了，只要熔化後就能反覆利用，非常方便。

閃亮亮的東大寺大佛

進入鐵器時代後，銅依然做為貨幣、餐具廚具及工藝品的材料，持續為人類所用；在日本，甚至還因為銅的發現而改了年號。日本元明天皇在位的慶雲五年（七〇八年），有人在武藏國秩父郡（現今埼玉縣秩父郡）發現了日本第一顆銅礦石，並獻給了朝廷。這是露天開採出來的高純度自然銅。

這件事促成日本鑄造第一種流通貨幣「和同開珎」❼。由於自然銅的發現非常值得慶賀，因此和同開珎發行的當年，便改年號為「和銅元年」。此外，在和同開珎之前雖然

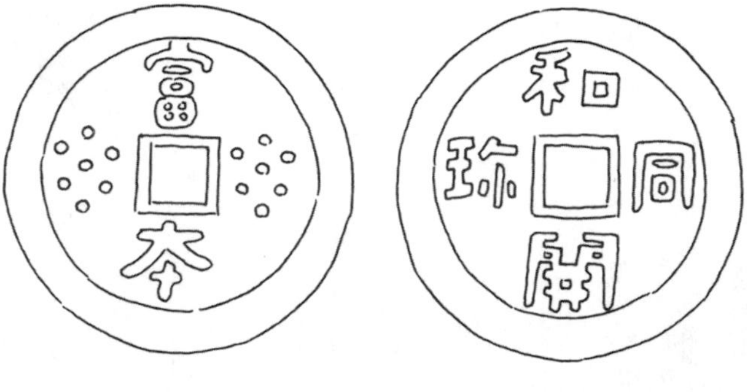

根據推測，富本錢約在683年左右製造，比708年（和銅元年）發行的和同開珎更古老。但在日本大範圍流通的硬幣是和同開珎。

也發行過富本錢，卻未廣爲流通。

七五二年，東大寺大佛鑄造完成後的整修工程結束，正要開始進行鍍金作業。

根據紀錄，當時用了五百噸銅、二・五噸的汞和四百多公斤的黃金。一九九一年，東大寺境內發現了全世界最大的熔爐，推測約可容納六噸的銅。在爐內將金屬熔化後，把熔融的金屬倒入事先做好的鑄型裡。

大佛的鑄造完成於天平勝寶元年（七四九年）。那一年，陸奧國遠田郡（現今宮城縣遠田郡）挖出了黃金，並獻給朝廷。當時在位的聖武天皇大爲欣喜，便爲這尊大佛鍍上金。

閃耀著金色光輝的大佛，於天平寶字元年（七五七年）正式完工。**當時的鍍金法，是在物體表面塗上將黃金溶於水銀所製成的「金**

全身鍍金的東大寺大佛閃耀著金黃色光輝

汞齊」，再用炭火使汞蒸發。但汞蒸氣非常危險，很容易引起中毒。

古代的製鐵技術

比起氧化銅，鐵與氧的結合能力更強，使得煉鐵的難度提高。但由於鐵製農具和武器比青銅製的更加堅固耐用，因此當製鐵技術問世後，時代便從「青銅器時代」前進到「鐵器時代」。

❼關於「珎」字的意義和讀法，至今仍未有定論。有些學者根據史書《日本紀略》上所記「和同開珍」，認為「珎」是「珍」的異體字；有些則根據其他文獻及周邊各國的貨幣，認為應為「寶」的異體字。

古代因製鐵而繁榮的國家，是在西元前二〇〇〇年左右出現、屬於印歐語系的民族——西臺帝國。西臺帝國製造出史上第一具鐵製武器和馬拉戰車，這些都是當時最新的軍事配備。西臺帝國消滅了古巴比倫王國，並與埃及的新王國作戰。沒想到西臺的榮耀止步於西元前一二世紀，帝國遭到從地中海攻來的「海之民」殲滅，西臺的技術便流傳到了周邊各國。

近年，考古團隊在比西臺帝國早了約千年的古老地層中，發現非隕鐵的人工鐵塊。這項發現或許會推翻歷史上公認最早由西臺帝國開始製鐵、獨攬製鐵技術，並征服周圍地區的說法，甚至產生鐵有可能由（非西臺人的）其他民族在更久之前製造的可能性。

那麼，鐵是如何製造出來的呢？將主要成分爲氧化鐵的鐵礦石（或鐵礦砂）和木炭層層堆疊在熔爐內、點火燃燒木炭後，氧就會在大約攝氏四〇〇到八〇〇度的環境下燃燒殆盡，只剩下鐵。

但是在這種溫度下製成的鐵，無法熔化成鐵水（液態的鐵），只能得到燒得赤紅、有如年糕般的鐵塊。將這樣的鐵塊放在鐵砧上，用鎚子鍛敲、去除雜質後，就成了純度較高的「熟鐵」。我們常說的「鍛鐵」，就是指這項程序。

至於熔爐內發生了什麼事呢？其實是氧化鐵因一氧化碳而引起的還原反應。一氧化碳是碳（焦炭）燃燒時形成的二氧化碳，與木炭中含有的碳反應後生成的物質；換言之，氧化鐵與一氧化碳產生反應，形成鐵與二氧化碳，其化學反應式如下：

Fe_2O_3	$+$	$3CO$	$\rightarrow$	$2Fe$	$+$	$3CO_2$
氧化鐵		一氧化碳		鐵		二氧化碳

《魔法公主》裡的古早製鐵法

製鐵技術是從古羅馬所在的東方向南傳到印度，經過中國江南一帶（長江周邊）後再傳至日本。中國南方雖然盛產青銅器，但也懂得製鐵；另一方面，根據推測，日本最早開始製鐵的時代，大約是在西元前三世紀到三世紀中期，也就是彌生時代的後半至晚期。

日本傳統的製鐵方式稱爲「吹踏鞴製鐵法」，是將原料和木炭放進熔爐裡點火燃燒，再用風箱送風以提高火力的精煉方法。

宮崎駿導演的動畫電影《魔法公主》，就是以中世紀的日本製鐵村落（電影中稱爲「達達拉」，即「吹踏鞴」的日語發音）爲背景。電影中有一幕，是朝氣蓬勃的女性成群踩著大型踏板的場景，那塊踏板所連接的，就是將空氣送入煉鐵爐的風箱。這項工作其實非常粗重，一般來說不會由女性擔綱，不過這一幕確實完整描述了吹踏鞴製鐵法的情景。

吹踏鞴製鐵法會在爐裡交互放入砂鐵（磁鐵礦的細小結晶顆粒，主成分爲氧化鐵）和木炭，一旦點火，就必須不眠不休地煉製。由於熔爐最後會毀壞，所以每次煉製都要重新打造。用這種方式所製成的鐵塊稱爲「鉧」，其中包含了各種品質的鐵與礦渣，當然也有質地優良的鋼（稱爲「玉鋼」）。

日本刀便是以「玉鋼」爲原料，燒紅後錘打延展，摺疊起來再繼續錘打，不斷重複同樣的步驟十幾次。順便一提，鉧和其他部分會在一個叫做「大鍛冶場」的地方鍛造，做爲菜刀和其他工具的原料。

這種製鐵法在十九世紀後半達到巔峰，但因爲需要大量的勞動力，後來被使用高爐的西式製鐵法取代，直到一九二〇年代徹底消失。

現在，日本爲了保存傳統技術，又設法重現了吹踏鞴製鐵法。日本美術刀劍保存協會在島根縣設立了「日刀保吹踏鞴」，只在冬季開工，生產出來的玉鋼則用於製造日本刀。

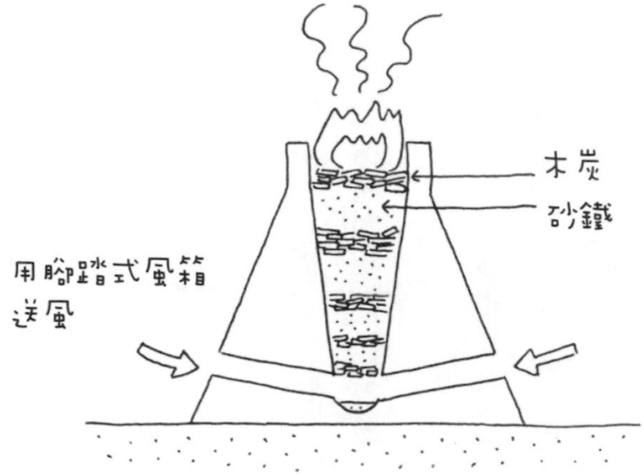

吹踏鞴製鐵法所用的煉鐵爐示意圖。
在半地下式的結構上方，以黏土建造箱型熔爐，再用風箱送風。

高爐法的發明與發展

大約在十四到十五世紀之間，德國開始使用高爐法。這是利用水車送風、提高爐內溫度的煉鐵方法。藉由高溫還原反應所產生的鐵（如前面提到的反應式）吸收碳之後，由於熔點下降，所以大約攝氏一二〇〇度左右就能熔化，可以製造出鐵水。

不同於含碳量較低的熟鐵，高爐法煉出的生鐵，會在錘打後脆化碎裂，如果想要得到如同舊式煉鐵法所得到的熟鐵，就必須用精煉爐去除碳——具體來說，就是在爐裡熔化生鐵的同時送入空氣，燒掉碳、製成熟鐵（下文所提到的反射爐即為精煉設備的一種）。

領先全世界、自一七六〇年代發起工業革命的英國，境內原本遍布著以青剛櫟和山毛櫸為主的茂密森林，但是到了十七世紀末，國土的森林覆蓋率卻只剩下一六％。森林減少的原因之一，就是製鐵時使用了大量木炭。於是，英國也開始使用蘊藏量豐富的煤炭。十六世紀上半葉時，英國一年的煤炭用量只有二十萬噸，但到了十七世紀後半，已大幅提升至一百五十萬噸。

不過用煤炭製鐵有一個問題，就是煤炭裡所含的硫會變成雜質，使鐵變得脆弱易碎。幸好，這個問題可以利用煤炭乾餾製成的焦炭（本身為多孔質）吸附煉鐵過程中產生的硫。

到了十八世紀後半，製鐵用的燃料主角從木炭變成焦炭後，英國一年的煤炭用量在十九世紀初來到約一千萬噸，半年後更暴增至約六千萬噸。

從使用木炭到廣泛用煤，將生鐵變成熟鐵的煉鐵方式也產生了革命性的變化：將空氣送入反射爐（reverberatory furnace）中，提高火力熔化生鐵，再用鐵棒攪拌，就能燒掉碳、製成熟鐵塊（攪煉法）。

鋼的量產與轉爐法的發明

隨著鐵的利用越來越普遍，**人類也開始追求同時具備生鐵和熟鐵優點的材料，而答案就是「鋼」**。爲了生產強韌的鋼而踏出第一步的，是英國發明家亨利・貝塞麥（Henry Bessemer）在一八五六年發明的轉爐法。

貝塞麥將熔化的生鐵放進轉爐裡，再往內送進冷空氣。空氣中所含的氧氣，會先燒掉生鐵裡的矽，產生火花和向上的熱氣；待其充分燃燒後，爐內會突然噴出巨大的火焰，燒掉生鐵裡的碳。此一反應所產生的熱能，能使爐內溫度上升到攝氏一五〇〇至一六〇〇度，大約二十分鐘後，爐內就會沉靜下來，煉成含碳量較低的鋼。

「朝著熔化的生鐵吹送冷空氣，難道不會讓鐵水凝固嗎？」貝塞麥絲毫不在意周遭質疑的聲浪，只遵循自己的科學判斷（空氣中所含氧氣與生鐵中的碳和矽反應時會產生大量熱能），認爲鐵並不會因此凝固。

當然，別說是爐內溫度下降了，反應生成的熱能反而提高了溫度，才短短二十分鐘，就煉出數十噸處於熔融狀態的低碳鋼；最後再添加適量的碳、調整比例，就能製造出鋼了。

但貝塞麥的轉爐法發展得並不順遂，因為可從含磷量高的礦物中煉出鋼的「湯瑪斯法」，以及用燃料燒至高溫、將含碳量較低的碎鐵和生鐵均勻熔融、提升含碳量的「平爐法」等技術也陸續開發，讓鋼得以大量生產。

鋼鐵大砲與德意志帝國的建立

透過貝塞麥發明的轉爐法，終於能製造出鋼鐵材質的大砲（過去的大砲都是青銅製的）。一八六七年的巴黎萬國博覽會上，武器商人阿爾佛萊德．克虜伯（Alfred Krupp）推出了重達一千磅的大砲（口徑三五．五公分）。

話說回來，貝塞麥發明轉爐法另有其因——軍方要求他製造出耐得住大型砲彈發射的砲身用鑄鋼（以灌模方式鑄造的鋼）。只要能製造出強韌的鋼鐵，就算砲身不加厚也沒問題。

鋼製大砲問世後，大幅影響了歐洲的軍事勢力均衡。一八六二年，俾斯麥（Otto von

Bismarck）就任普魯士王國首相。當時，普魯士的目標是統一德意志。俾斯麥在議會上發表的演說中提到，德意志的統一問題要用鐵和血來解決，他所說的「鐵」，指的就是鋼鐵製的大砲。

於是，普魯士陸軍領先各國，向克虜伯的公司訂購了三百門大砲，大幅提升了普魯士的軍事力量。克虜伯所製造的大砲可以耐熱、耐壓力，具有發射三千枚砲彈也毫髮無傷的強韌度。

首先，一八六三年，丹麥國王宣布合併什勒斯維希公國後，普魯士便於一八六四年聯合奧地利出兵擊敗丹麥。原本在丹麥主權下的什勒斯維希公國歸普魯士、霍爾斯坦公國則歸奧地利管轄。這兩個公國原本就有許多流著德意志血統的居民，因此對於普魯士的統一大業來說，是不可或缺的區域。

到了一八六六年，由於這兩國的主權問題，普魯士引誘奧地利宣戰，而且前者只花了短短七週便大獲全勝。但即使贏了普奧戰爭，普魯士仍無法順利建立德意志帝國，這是因爲當時的法國皇帝拿破崙三世，害怕隔壁的普魯士變成強大的統一國家，於是從中做梗。

一八七〇年到一八七一年的普法戰爭，由法國率先宣戰。普魯士發揮鋼鐵大砲的威力，將推出青銅大砲的法軍打得落花流水。在戰爭後期的一八七一年二月，雙方於凡爾賽宮的鏡廳簽署臨時停戰協定，五月正式簽署《法蘭克福條約》。一八七一年，德意志帝國成立，以普魯士爲中心的德意志統一大業就此完成。

儘管德意志帝國在一九一八年的第一次世界大戰中因戰敗而覆滅，但鋼鐵卻仍在之後的第二次世界大戰中占有一席之地，多用於製造兵器（武器、軍機、坦克等）。

新製法催生出近代鋼鐵工業

一九五一年，奥地利發表了簡稱「ＬＤ法」的轉爐吹氧煉鋼法（Linz-Donawitz process），並迅速普及全世界，導致使用空氣的轉爐法和平爐法逐漸式微。ＬＤ法是在熔化的鐵水上方，以超音速送入氧氣（幾乎一〇〇%的純氧），而非空氣。現在也開發出了從上方和底部灌入純氧的方法。

在第二次世界大戰後的二十世紀後半，全球經濟急速擴張，民生用鐵的需求變得非常大。現在的高爐規模更大，但基本原理並沒有改變，都是將赤鐵礦（主要成分爲三氧化二

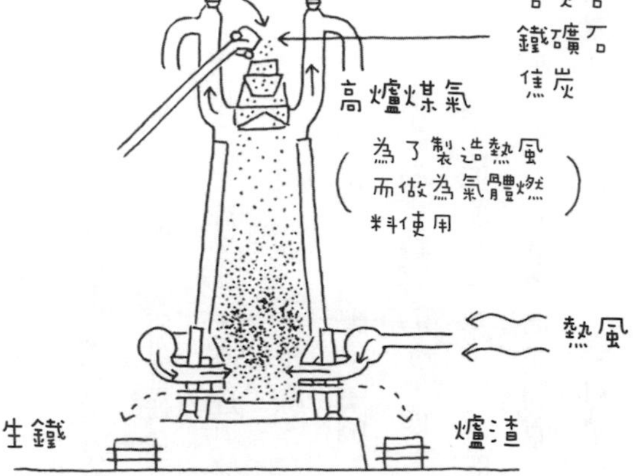

高爐示意圖。燃燒焦炭會產生約攝氏1500度的高溫，
製造出一氧化碳、讓鐵礦石還原成鐵。
鐵礦石中的岩石會與石灰石反應、變成爐渣，浮在鐵水表面。

鐵）等鐵礦石放進高爐內，透過還原反應製成鐵。

在以連續鑄造爲主的作業程序化，以及電腦自動控制等技術的種種改良後，目前的鋼鐵業已幾乎能滿足各種鋼鐵相關的需求，而科學家目前還在持續研究不使用高爐的製鐵方法。

有鐵斯有國

過去的人類用木炭加熱鐵礦石和鐵礦砂，得到了成塊的鐵；有了製鐵技術後，人類便開始發展鐵器文明。到了十九世紀，普遍使用高爐法來煉鐵，人類不但用焦炭製造出熔融的鐵，還透過改變其中的含碳量，大量生產各種鋼鐵。

「有鐵斯有國」這句話，出自十九世紀時以武力統一德國、有「鐵血宰相」稱號的俾斯麥。鋼鐵是大砲和鐵軌不可或缺的材料，是國力的根源，甚至到了今天，它的產量仍是展現國力的重要指標。

根據比利時布魯塞爾世界鋼鐵協會的調查，以二〇一九年的數據爲例，全球粗鋼（crude steel，指鐵礦砂或廢鐵鋼鑄造後，直接凝固的鋼胚半成品）產量已達一八．七億噸，其中，中國的產量爲全球第一，高達九億九六三〇萬噸，全世界的粗鋼有一半都來自中國。其次是印度的一億一一二〇萬噸；日本排名第三，爲九九三〇萬噸，是自二〇〇九年以來睽違十年再度跌破一億噸。美國是八七九〇萬噸，排名第四；第五名是俄羅斯的七一六〇萬噸；第六名爲韓國的七一四〇萬噸。

工業先進國的活路，在於開發性能優異的鋼鐵材料。就汽車產業來說，許多國家經歷過第二次石油危機造成的原油價格飆漲，因此無不試圖研發出輕巧卻耐衝撞的高性能鋼鐵材料。但另一方面，製鐵過程所排放的二氧化碳量一直都非常可觀；以日本爲例，已增加到一年約三〇億噸，幾乎占全球二氧化碳總排放量九％。可以說，節能減碳已是全球鋼鐵工業無法迴避的課題。

面對中國和印度等新興鋼鐵生產國的崛起，工業先進國如何開發出在強度、壽命和機能各方面更爲優異的高級鋼鐵材料，並從製程著手，減少二氧化碳排放量，都是未來很值得期待的面向。

拿破崙三世和鋁

除了鐵，使用量最多的金屬就是鋁。鋁因爲重量輕、易加工，也具有耐腐蝕性，因此常用來製造部分車體及建築物、鋁罐、電腦和家電產品的機體等，用途相當廣泛。鋁之所以能耐腐蝕性，是因爲表面暴露在空氣中氧化後，會形成一層緻密的氧化鋁膜，保護內部不再繼續氧化。此外，這層氧化膜還可用人工方式加厚，進一步提高耐腐蝕性（例如鍋具等容器和鋁門窗等建材，這道工序稱爲陽極處理）。

順便一提，鋁在地殼中的含量比鐵更多，但是被當成金屬材料開採出來，卻是很後來的事，爲什麼會這樣呢？

可獲得金屬鋁的原料，是一種稱爲鋁土礦（又名鋁礬土）的橘紅色礦物，精製過後才能提煉出氧化鋁（Al_2O_3，礬土），但鋁的離子化傾向較高，和氧的連結非常緊密。如果想從鐵礦石中提煉出鐵，我們可以利用焦炭來做到這一點；但焦炭卻無法讓礬土產生任何反應。

鋁是在一八二五年時，由丹麥物理學家漢斯．克里斯蒂安．厄斯特（Hans Christian Ørsted）發現的；一八二七年，德國化學家弗里德里希．維勒（Friedrich Wöhler）成功提煉出比厄斯特所獲得純度更高的鋁。

他們在提煉過程中所使用的，都是離子化傾向比鋁更高、與氧結合力更強的鉀。先是透過電解法，連接好幾個由伏打發明的電池，電解出少量的鉀，然後將鉀和氯化鋁混合在一起加熱，鉀就會和氯化鋁中的氯產生反應，形成氯化鉀，並得到純度較高的鋁。

當時的鋁和金銀一樣，屬於貴重金屬。拿破崙三世還要求裁縫師爲自己的上衣製作鋁釦。不僅如此，招待重要貴賓所用的是鋁製杯盤，普通的賓客只能用黃金製的餐具。從現代的眼光來看，會覺得「怎麼有這種事」，不過應該就是物以稀爲貴吧。對拿破崙三世而言，比起隨處可見的黃金，使用鋁製餐具才是最頂級的待客之道。

一八五五年，參加巴黎萬國博覽會的人們第一次見識到鋁這種擁有「從黏土中取出的銀」之稱、閃耀著銀白色光輝的輕巧金屬，無不感到目眩神迷。這是那次萬國博覽會

這兩人發現了鋁的工業製法

的一大亮點，連日吸引大批人潮前來觀賞。

後來，鋁之所以能便宜且大量生產，必須歸功於美國發明家查爾斯・馬丁・霍爾（Charles Martin Hall），和法國化學家保羅・埃魯（Paul Héroult）兩人。

礬土的熔點高達約攝氏二〇七〇度，就算用電解的，也會遇到無法變成液態（無法製造出電解液）的問題。兩人認爲，應該還有其他可以熔融礬土的物質才對，於是進行了各式各樣的實驗。

這兩人都著眼於開採自格陵蘭的乳白色礦物「冰晶石」（主成分爲六氟鋁酸鈉 Na_3AlF_6），其熔點約爲攝氏一〇〇〇度。將冰晶石熔融後，加入氧化鋁（大概有一〇%會溶解），再使用電解法，陰極處就會出現鋁——這是因爲

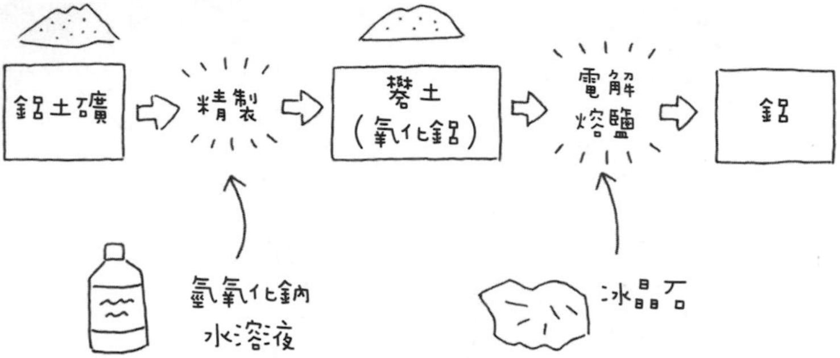

從鋁土礦（含有鋁的氫氧化物，以及鐵與矽化合物構成的礦物）中提煉出金屬鋁的過程。

鋁離子可以從陰極得到電子，變成金屬鋁的緣故。

這項在一八八六年進行的實驗，最早是美國發明家霍爾開始的；沒想到兩個月後，法國化學家埃魯也發現了同樣的方法。兩人各自發現了同一種方法，並在各自國家獲得專利；兩人還都同樣出生於一八六三年，也同樣在五十歲去世，這是多麼奇妙的巧合。現在的工業製鋁法，依然採用霍爾和埃魯發現的方法。

由電解取得金屬的製造原理，也應用在鎂和其他金屬的提煉方法上，就此揭開輕金屬時代的序幕。

七〇七五鋁合金

杜拉鋁是鋁、銅、鎂等金屬組成的一種合金，在一九〇六年時，由居住於迪倫（Düren）的德國冶金學家阿爾弗雷德・威爾姆（Alfred Wilm）偶然發現的。他結合了地名和鋁的英文，命名為「杜拉鋁」（duralumin）。

鋁原本是非常柔軟的金屬，但杜拉鋁十分堅固，所以在第一次世界大戰期間，德國用杜拉鋁來製造飛機骨架，也用於打造齊柏林飛船。

大致說來，杜拉鋁可分成三大類型，分別是杜拉鋁、超杜拉鋁和七〇七五鋁合金（超超杜拉鋁）。超杜拉鋁是杜拉鋁的改良版，七〇七五鋁合金則是超杜拉鋁的改良版。命名方式可說非常淺顯易懂。

超杜拉鋁的硬度足以媲美鋼，強度比杜拉鋁更高，如果要用來製造飛機，則需要在表面再疊上一層純鋁，以提高耐腐蝕性。它具有高度切割加工性（容易切割），但耐腐蝕性與可焊接性就稍微遜色了些。

七〇七五鋁合金是由日本開發的合金，強度在鋁合金中是頂級的，過去曾用於製造零式艦上戰鬥機，現在仍用於製造飛機機體、火車等交通工具，以及登山杖、金屬球棒等運動用品。

稀有金屬問題

關於金屬材料，一直都有「稀有金屬問題」。誠如字面上的意思，稀有金屬指的就是稀少罕見的金屬；而這裡所謂的「稀有」，定義是「有工業需求但難以取得」。這個名稱是相對於鐵、銅、鋅、鉛、鋁等現代社會大量使用，且產量高、通用性高的基本金屬（common metal）而言。

稀有金屬的定義並沒有全球統一的標準，而難以取得的原因包括蘊藏量太少、加工或提煉困難、生產國家極少等等。以日本爲例，經濟產業省在一九八〇年代依照「蘊藏量少」「提煉困難」等標準，指定了四十七種元素爲稀有金屬——約九十種天然元素當中，就有近一半是稀有金屬；其中包含了蘊藏量大卻難以提煉的金屬，以及十七種稀土元素。

稀有金屬在最新的工業技術當中扮演了非常重要的角色，它是製造業不可或缺的資源。**只要在材料裡添加少量稀有金屬，性能就會大幅躍進，所以又有「工業維他命」之稱。稀有金屬主要的功能在於磁性、觸媒、工具強度提升、發光、半導電性等等**。利用這些功能的機器包括手機、數位相機、電腦、電視、電池、各式電子儀器等。要製造出這些豐富我們現代生活的必備機器，稀有金屬是不可或缺的材料。

舉例來說，用稀土元素的釤製成的強力永久磁鐵，成功縮小了馬達的體積，也是讓輕薄短小的電子儀器得以問世的功臣。現在號稱擁有最強磁力的永久磁鐵「釹磁鐵」，主要成分就是鐵、硼和釹，而釹也是一種稀土元素。

稀有金屬的主要產地爲中國、俄羅斯、北美、南美、澳洲、南非等地。產量最大的中國，將稀有金屬定位成國家重要戰略資源之一。比方說，二〇一〇年在釣魚臺海域發生了中國漁船與日本巡邏船相撞事件，導致中日關係惡化，中國政府就限制對日出口稀有金屬，做爲反制的手段。

因爲中國的出口限制，使得許多國家無法取得稀有金屬，導致原料短缺、影響生產。近年來，許多國家爲了得到穩定的稀有金屬供應管道，正逐漸拓展與其他國家的合作關係，以降低對中國的依賴。

為了更有效率運用蘊藏量有限的稀有金屬，除了回收再利用，也需要具備相同功能的金屬做為替代品，以節約稀有金屬的使用量。現在，稀有金屬的替代技術仍在研究開發中。

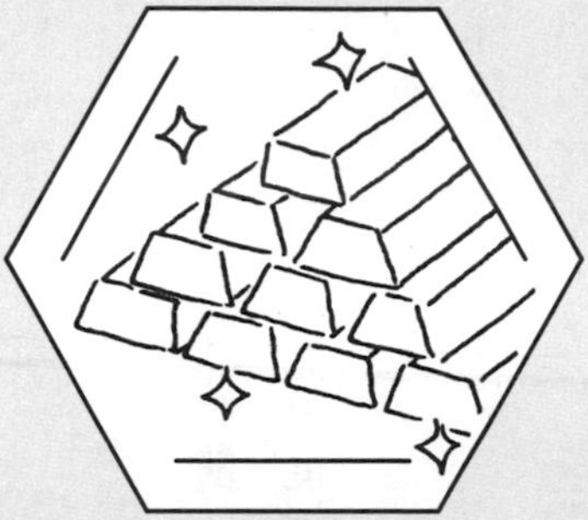

第 11 章

黃金與白銀，

有時還有香料

黃金是欲望之源

一如其名，黃金擁有美麗的金黃色光澤，化學性質非常穩定、不易腐蝕，使其金黃色的光輝永遠不會消失。它是人類最早開始運用的金屬之一，在全世界都是備受珍視的通貨和裝飾品。

舉例來說，《舊約聖經》裡就有許多關於黃金的記載；美索不達米亞的幼發拉底河下游右岸、由蘇美人建設的城邦國家烏爾，在西元前三〇〇〇年左右，也已經製造出精緻的黃金頭盔。另外，從埃及的考古遺址裡也挖掘出許多豪華的黃金製品。從西元前一三〇〇年代在位的法老圖坦卡門陵墓中，也出土了國王面具、座椅、寢具、服裝配飾等四千件以上黃金陪葬品。

從約西元前三〇〇〇至西元前一二〇〇年，曾盛極一時的特洛伊、克里特、邁錫尼這些愛琴文明城市，也都遺留許多黃金製品。西元前六世紀至西元前四世紀左右，統治南俄羅斯草原地帶的遊牧民族——斯基泰人建立的斯基泰文明，也以武器和馬具上大量的黃金動物雕刻著稱。

黃金除了可說是人類欲望的根源，也孕育出中世紀的煉金術風潮，更強化了人類到未知世界尋找黃金國度（El Dorado）的衝動，最終將歷史導向大航海時代，推動了全球化。許多在大航海時代崛起的歐洲強國，都是靠著黃金和白銀累積了國家財富。之後，包括十九世紀的大英帝國，以及二十世紀後的美國等國家，幾乎都是匯集了全世界大多數黃金的「黃金帝國」。

已開採的黃金有多少？

黃金是很柔軟的金屬，延展性驚人。每一公克的黃金可以製成面積超過一坪的金箔，或是三千公尺長的金線。

由於純金太過柔軟，所以多半會與銅、銀、鉑製成合金來運用。合金的黃金純度是以克拉（K）來標示，其計量方式是將純金列爲二四K（含金量一〇〇％）。舉例來說，大多數的金幣純度是二一．六K（含金量九〇％）、所謂的K金飾品多爲十八K（含金量七五％），鋼筆的黃金筆尖爲十四K（含金量五八．三％）。最低的是一〇K，含金量相當於四一・七%。

黃金不只耐腐蝕，導熱和導電性也很好，所以除了製造通貨和珠寶首飾以外，也用於電子元件的端子、連接器，或積體電路的鍍金處理。

黃金也能充分反射紅外線，因此有些人造衛星的表層會貼上金箔做爲隔熱材料：美國的哥倫比亞號太空梭就使用了大約四十公斤的黃金；日本JAXA（宇宙航空研究開發機構）所研發H1火箭的主引擎，也使用了約五公斤的黃金。

根據二〇一九年底的統計，全世界已開採且經過精煉加工的黃金總量約有二十萬噸。如果用專業比賽用的五十公尺長泳池來計算，這些黃金可以裝滿幾座泳池呢？

由於黃金的密度很大，因此目前爲止所開採出來的黃金，大約只裝滿了四座泳池而已。

二〇一九年，全世界開採出的黃金產量總計爲三千三百噸，比二〇一八年多了四十噸。若依國別來看，開採量最高的是中國，有四百二十噸，第二名是澳洲的三百三十噸，第三名是俄羅斯的三百一十噸，第四名是美國的兩百噸，第五名則是加拿大的一百八十噸，接下來依序是印尼、迦納、秘魯、墨西哥。

以往開採量最高的都是南非，但在二〇〇七年時，世界第一的寶座卻落到了中國手

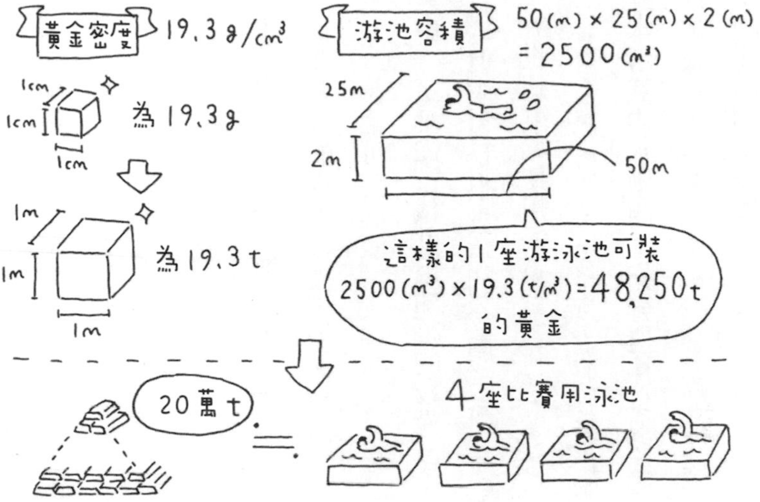

20萬噸黃金可以裝滿幾座泳池呢？

上，屈居第二，二〇一九年則滑落到第十二名（參考資料：U.S. Geological Survey, Mineral Commodity Summaries 2020）。

開採黃金的方法

從古至今，凡是混在大量沙土中的砂金和自然金，都會用一種特殊的方法來找出黃金：首先，拿一只平底但有深度的盤子，在盤中放入沙土和水，不停搖晃之後，就會漸漸分離出密度較大的砂金。

但如果要在礦山開挖含有黃金礦脈的岩層，長期以來都是用鑿子和槌子徒手挖掘。直到十九世紀中葉，才出現了蒸氣驅動的鑽孔機、平鑽機，人類得以靠壓縮空氣來驅動機器，甚至還出現了油壓驅動的技術。接著又出現了革命性的發明，那就是可以爆破岩石的矽藻土炸藥（參見第17章）。

透過這些方法得到的礦石，在古代會用石臼和鐵杵來搗碎，到了十五世紀，才開始改用水力（水車動力）；這項技術也用於十六世紀最繁盛的玻利維亞波托西銀礦。至於現代，則使用改良過的機器來採礦。

在黃金的提煉技術方面，自古以來所使用的都是將黃金溶於汞的「汞齊法」。在常溫下，黃金可溶於液態汞，變成一種名爲汞齊的合金。汞齊加熱後，汞會蒸發，只留下黃金。這是從古代就已知曉的技術。

但汞也是很貴重的金屬，所以人們一直在尋找能替代汞齊的方法，這個答案就是十九世紀開始使用的黃金氰化法。

黃金氰化法，是將黃金溶於氰化鉀溶液的方法。將搗成粉末狀的礦石投入裝滿氰化鉀水溶液的水槽內，充分攪拌以混入空氣，使黃金以離子態溶於溶液中。接著，在溶液裡加入鋅，黃金就會被較容易變成離子的鋅置換並析出。這種方法可以從含金量較少的低純度礦物中提取黃金。

哥倫布航海的原動力

大航海時代是指十五至十七世紀，歐洲人爲了航海和探險而乘船航向印度洋和大西洋的時代。當時，葡萄牙和西班牙一馬當先，荷蘭和英國則是後來居上。在這段時期，迪亞士（Bartolomeu Dias）發現好望角、達伽馬開闢印度航線、哥倫布抵達美洲大陸、麥哲倫環航地球一周。

當時的歐洲將日本（Cipango）當成黃金國度，這項情報來自馬可・波羅的《馬可・波羅遊記》。書中寫道：

> Cipango 是位於東方海域的大島……坐擁超乎想像的豐富黃金……統治者的宮殿屋頂全都是由黃金打造的，宮內的道路和地面也都鋪滿厚度約爲兩指的金磚。

馬可・波羅出生於義大利威尼斯，他在一二七一年時，跟著父親和叔叔一同遠行，從陸路經由中亞，在一二七五年時抵達大都（元朝首都，即現今的北京）。往後十七年間，他都仕從元世祖忽必烈。

馬可・波羅回到威尼斯後，參與了威尼斯和熱那亞的戰爭，成爲俘虜。他在獄中口述寫成的著作就是《馬可・波羅遊記》。他在書中詳述了十三世紀的中亞、中國、回程所走南洋航線（東南亞、孟加拉灣、南印度、阿拉伯半島等地）的風光，也介紹了傳聞中的「Cipango」。

雖然馬可・波羅並未造訪日本，但也無法斷定他在遊記中虛構故事。根據日本官方史書《續日本紀》記載，七四九年，即聖武天皇在位時期，曾有陸奥國（宮城縣）進貢砂金，目的是爲了替奈良東大寺大佛鍍金。之後，奥州（東北地區）出產的黃金，爲奥州藤原三代造就了百年榮華盛世。當時的黃金產量在全世界也是屈指可數，據說有十噸之多。

此時的中國正値經濟空前繁榮的宋代。日本用大量砂金做爲兩國貿易的出口品，或許因爲如此，當時中國人對日本的印象，就是座巨大的「黃金島」。馬可・波羅有可能聽聞中國人的轉述，才會有這般認知。而前面提到的「黃金宮殿」，有可能是指岩手縣中尊寺的金色堂（建於一一二四年）。

哥倫布在出發前，熟讀了《馬可・波羅遊記》中敘述黃金國度 Cipango 的部分，還寫了好幾百處的筆記。

一五〇三年，哥倫布在呈給西班牙國王的報告裡寫道：「黃金價值連城，黃金才是至寶。坐擁黃金者，心之所欲皆唾手可得，可登上靈魂直達天堂的崇高地位。」

哥倫布認定，他在大航海中發現的伊斯帕尼奧拉島（海地島）就是 Cipango，因爲島上居民都穿戴著黃金配飾，又將黃金的產地稱爲「Cibao」，才使他產生了誤解。哥倫布相信，地圖上必然有一個叫做「Cipango」的地方，就位於與加納利群島同一緯度的西方。絲毫沒有發現，自己抵達的其實是美洲大陸。

哥倫布希望能在伊斯帕尼奧拉島找到黃金和香料，但他並沒有找到香料，黃金的產量也寥寥無幾。於是他大肆屠殺、瘋狂掠捕當地原住民做爲奴隸……

十五世紀以前的世界史舞臺，都集中在從地中海到西亞、印度、中國的帶狀陸地區域。大航海時代則可說是改變了這個歷史走向，大幅扭轉世界史的中心，變成以海洋爲主。

儘管哥倫布實際上並未抵達「黃金島」Cipango，但至少可以確認的是，大航海時代的原動力來自人類對黃金的欲望；就連援助哥倫布的西班牙國王，也需要財源以維持做爲權力基礎的官僚和常備軍隊。爲了追求財富，才會全力協助、支持大航海探險。

尋找胡椒與香料

香料（spice）主要是指使用熱帶、亞熱帶、溫帶地區盛產的植物種子、果實、花朵、花苞、葉莖、樹皮、塊根等部位，用以消除食物的氣味，或是使其更富香氣、辛辣感等增添風味用的調味料。

人類與香料的連結，推測始於距今五萬年前，狩獵民族學會用香氣十足的草葉包裹獵物的肉，用以增加香氣和美味。

之後，香料不僅做爲藥草和香料使用，也當成製造木乃伊時所用的防腐劑，還能爲建造金字塔的奴隸消除疲勞、增進食欲。

到了古希臘羅馬時代，印度的胡椒等香料，價格昂貴到幾乎與金銀等値。現在我們天天使用、很輕鬆就能買到的各式香料，在過去可是得用天價購買呢。

許多歐洲國家由於緯度較高，氣候條件並不佳。例如倫敦位於北緯五二度、巴黎位於北緯四八．五度，可想而知，這些地方冬天時會有多寒冷。

這些地方的產業多爲以牛羊爲主的畜牧業，但以前不像現在，可以用筒倉儲存乾草飼料，漫長冬季裡的家畜飼料來源便成了大問題。飼料會在冬天腐壞，於是牧場被迫殺掉大部分的家畜。這些家畜的毛皮可用來製作禦寒用品，肉則用鹽巴醃漬保存，但過去的保存條件也不好，長久存放依然會腐爛、發臭，還會走味。

不過為了活下去，直到春天來臨前，大家都必須吃這些肉維生，因此才需要香料做為防腐劑和去除氣味之用。

而且，當時的歐洲人相信香料可以治療天花、霍亂、斑疹傷寒等絕症；因為過去認為，不好的氣味會傳播病菌，而香料可以消除氣味。除此之外，歐洲人也把香料當做腸胃藥、肝臟藥，視之為萬用藥物，才會以執著到瘋狂似的程度追求香料（事實上，關於歐洲人尋求香料的眞正原因，至今仍眾說紛紜）。

香料買賣的仲介，正是地理上位於印度、印尼等主要產地和歐洲正中央的威尼斯等國家。這長達幾世紀的壟斷，最後是由《馬可．波羅遊記》打破。

《馬可．波羅遊記》不只激發了歐洲人對金銀的欲望，書中還詳述了他們渴望的胡椒、肉豆蔻、肉桂、丁香的產地。大航海時代其實就是為了取得金銀和香料才展開的。

十六世紀，為了對抗葡萄牙在非洲、印度、東南亞的統治權，西班牙遠從大西洋橫越太平洋、登陸東南亞，為了爭奪殖民地不斷爭戰。

到了十七世紀，荷蘭的勢力逐漸壯大。除了將葡萄牙逐出東南亞，還進一步試圖壟斷胡椒等香料貿易，於一六〇二年成立荷蘭東印度公司，開始賺進龐大利潤。不過，各國依然在這段期間爲了爭奪殖民地而頻頻發動戰爭。十八世紀，英國展現強大的海軍勢力，成爲稱霸世界的帝國。當時的主要貿易商品變成印度的棉織品和中國的茶葉，香料的重要性逐漸降低。

十九世紀中葉時，終於發明了冷藏技術。隨著冷藏技術的發展，香料的必要性變得更低，香料貿易徹底衰退。

如果只論胡椒的話，越南、巴西的產量也很多，但若是論及所有香料，不問產量、消費量、出口量，印度都獨占世界第一，主要出口國則包括了美國、中國、越南、阿拉伯聯合大公國、印尼等等。

阿茲提克與印加黃金

追求第二個、第三個 Cipango 的西班牙人，對黃金的需索更是貪婪無度。他們分別在一五二一年征服了墨西哥的阿茲提克王國、一五三三年時征服安地斯山脈中的印加帝國，掠奪當地無數財寶。

征服了印加帝國的法蘭西斯克．皮澤洛，根據自己在新大陸的見聞，相信印加帝國就是傳說中的「黃金國度」。順帶一提，「印加」原本是庫斯科（位於現今的秘魯）一個部族的名稱，以這個部族為中心建立大帝國時，把凡是和印加使用相同語言的部族，統統都稱為「印加」。西班牙人入侵後，它的定義變得更廣泛，凡是未受到西班牙影響的地區，都稱為「印加」。

一五三二年十一月，入侵印加帝國的皮澤洛在秘魯北方高地卡哈馬卡的廣場上，遇到了印加帝國的皇帝阿塔瓦爾帕（Atawallpa）。皮澤洛帶領軍隊攻打印加士兵，捉住阿塔瓦爾帕。轉眼間，包圍廣場的士兵開火、吹響號角，騎兵駕著馬衝進廣場，使印加軍隊陷入一陣兵荒馬亂。身穿盔甲、手持長矛的西班牙步兵一擁而上，印加士兵的武器根本不敵，因此西班牙人只需要在體力耗盡前，盡情揮舞長劍和長矛就行了。預估約有六千至七千名印加原住民命喪於此，除了屍橫遍地，還有更多人身負斷臂之類的重傷。

成為俘虜的阿塔瓦爾帕向皮澤洛提議「用滿室的金銀贖身」，大量財寶就這麼陸續從印加帝國各地運到卡哈馬卡。

就在財寶快要累積到承諾的數量時，冷酷無情的皮澤洛卻打算直接處死阿塔瓦爾帕。印加帝國的人們相信，遺體若被火焚毀，靈魂就會永遠滅亡，因此有人說服皮澤洛，讓阿塔瓦爾帕改宗天主教，以免除火刑、改受絞刑。結果，阿塔瓦爾帕受洗成爲天主教徒，遭到絞刑處死……

美國生物學家賈德．戴蒙在著作《槍炮、病菌與鋼鐵》中，考察了兵力薄弱的皮澤洛，爲何能擊敗號稱有四萬人的阿塔瓦爾帕軍隊：

一、**奠基於槍砲、鐵製武器、鐵盔甲和騎兵**：印加士兵的武器是木石或青銅所製，無法貫穿鐵製盔甲，但敵人的鐵矛卻能輕易刺穿他們身穿的厚布護身甲。此外，印加士兵也沒有能在戰場上騎乘衝鋒的動物。

二、**西班牙人帶來了天花大流行**：印加皇帝瓦伊納．卡帕克（Wayna Qhapaq）和繼承人尼南．庫尤奇（Ninan Cuyochi）因天花去世後，阿塔瓦爾帕和同父異母的弟弟瓦斯卡爾（Waskar）爭奪王位，並演變成內戰，導致印加帝國分裂。

三、**歐洲的航海技術和造船技術**：印加帝國並未擁有這些技術，甚至無法從南美航向大海。

四、歐洲國家集權的政治架構：西班牙政權可以籌措皮澤洛船隊需要的建造資金、協助召集船員、整頓船上的設備。印加帝國雖然也是專制集權，但在皇帝成爲俘虜的那一刻，整個帝國的指揮體制便完全由皮澤洛掌握，反而不利反擊。

五、文字的傳播：以文字記錄的資訊，可大範圍且正確、詳細地傳播。許多西班牙人都是靠著哥倫布的航行紀錄、埃爾南・科爾特斯征服阿茲提克帝國的記事和前往秘魯的航道等資料，從歐洲成功前往新大陸。另一方面，阿塔瓦爾帕對皮澤洛的軍事力量和目的一無所知，只是一味相信只要不挑釁對方，就能倖免於難。

順道一提，《槍炮、病菌與鋼鐵》這個書名，可說非常精簡地表現出歐洲人之所以能征服其他大陸的直接原因。

加州淘金熱

一八四八年，美國加州發現了金礦，這項消息頓時傳遍全美——不只是美國，就連海外也有約三十萬名男女老少移民加州，這個現象稱爲「加州淘金熱」。當然，其他地區也有淘金熱，但仍以加州的規模最大，也最著名。

此時移民的三十萬人中，大約有一半是經由海路，另外一半則是從陸路而來，西部拓荒也因爲加州淘金熱，突然迅速地推動了起來。從一八四七年到一八七〇年之間，原本只是西部偏鄉的舊金山，人口頓時從五百人激增爲十五萬人。

連結美國西部和東海岸的交通系統，也隨著西部拓荒的發展而得以實現。這時有項最大的壯舉，就是一八六九年時，第一條橫貫北美大陸的鐵路開通，這件事使美國眞正達到經濟與政治上的統一。

當時實施了「金本位制」，確保能用一定數量的黃金交換通貨，以穩定貨幣價值。大量的黃金爲金本位制奠定了基礎，國際貿易也十分穩定。

在淘金熱初期，開採黃金的工具只有十字鎬、鏟子和平底盤而已；此外，還有一種叫「搖臂箱」（rocker box，或稱 cradle）的工具，可以篩掉碎砂石，只留下砂金。淘出的砂金會溶在水銀裡，做成汞齊。

之後，搖臂箱變成大型的電動轉筒篩（trommel），將含有砂金的沙土倒入轉筒篩，用水沖去泥土和碎礫，密度較大的砂金等物質（混有磁鐵礦、錫和鉛等金屬）就會從網眼中過濾出來，堆積在下方的墊子，再經過人工篩選區分出砂金。

即使在淘金熱退燒後，仍有人繼續做著淘金的工作。為了採集沉積在河底和沙洲上的黃金，挖泥船會用絞盤將裝在履帶上的多個鐵桶沿著河底拖曳，淘選帶上來的泥沙。

我曾在「探索」頻道看過真人實境節目《阿拉斯加金礦的賭注》，而且是從第一季起完整收看。這個節目記錄一群人在阿拉斯加嚴峻的環境下，想利用開採金礦尋求獲利翻身的機會，節目中就曾拍過用電動轉筒篩和古老挖泥船採砂金的過程。看來現代開採金礦的技術，自加州淘金熱時代以來，基本上並沒有改變。

白銀也曾比黃金更值錢

銀是自古便廣為人知的金屬。它擁有美麗的銀色光澤，在金屬中原本就擁有極佳的導電和導熱度。另外，白銀的延展性僅次於黃金，每一公克的銀可以拉伸成一千八百公尺以上的銀線。

雖然也有自然銀，但產量比自然金更少，多半必須從礦物中提取，但因為古代的開採技術並不發達，所以白銀比黃金更罕見。

古代的銀主要是從含鉛的方鉛礦中取得（主成分爲硫化鉛 PbS）；從西元前約三〇〇〇年左右的埃及和美索不達米亞等遺址可以看到，銀和鉛（製品）往往都是同時出現的，且銀製品遠比黃金製品更稀少。到了古巴比倫王國時期，開始出現銀壺，這時的白銀可是比黃金更珍貴呢。

根據約西元前三六〇〇年的埃及法律，金和銀的價值比例爲一比二．五，銀的價值很明顯高於黃金，有些裝飾品還會特地在黃金外面鍍銀。

後來，隨著開採技術的提升和產量增加，銀的價值因此低於黃金。

巨大的波托西銀礦

將美洲、歐洲和亞洲經濟結合在一起的，是來自美洲的便宜白銀。一五四五年，在安地斯高原發現的波托西銀礦（位於現今玻利維亞），是美洲最大的銀礦。

起初，在那裡採礦的只有七十五名西班牙人和三千名原住民，但後來礦工人數大幅增加；到了一六〇四年，光是原住民礦工就多達六萬人。到了十六世紀末，波托西市的人口來到十六萬，成爲凌駕墨西哥市的美洲最大城市。

西班牙人在波托西銀礦實施了三大政策，使得一五七〇年代中葉以後被稱爲「波托西銀礦時代」。所謂的三大政策，指的是：採用效率高的汞齊精煉法（一五七四年）、收購並壟斷萬卡維利卡水銀礦藏（一五七〇年）、採取強制徵用原住民的米塔制（Mit'a，一八一九年廢除）。

所謂的米塔制，是特定區域內十八歲到五十歲的原住民男性中，每年都必須有七分之一的人輪流到礦山工作。雖然採礦可以領到薪水，但只能勉強餬口，所以即使在未値班的日子，還是一樣要想辦法賺錢。由於雇主的不當對待，使得原住民人口大量減少，西班牙還必須輸入非洲奴隸，以塡補勞力空缺。

用美洲的銀礦撐歐洲的經濟

十六世紀中葉，當時與義大利爭戰的西班牙，因爲戰亂和奢華的宮廷生活，導致王室陷入財政危機。而當時支撐龐大財政支出的，正是波托西銀礦。

一五四六年後，墨西哥當地陸續發現銀礦。雖然眾說紛紜，但據說從一五〇三年到一六六〇年，大約有多達一．五萬噸白銀從美洲運到西班牙。由於這段時間進口的白銀數量是過往的六至七倍，導致歐洲銀價下跌，十六世紀到十七世紀前半的物價也暴漲了三到四倍，甚至發生了所謂的「物價革命」，前所未見的通貨膨脹席捲西班牙。當時西班牙的工資是全歐洲最高的，使得毛織品等製品在國際市場徹底失去競爭力。

物價革命大幅刺激工商業發展，也相對地削弱了（依靠固定地租收入的）貴族階層的經濟力，並使農民的地位提高（農奴解放），這些變革對歐洲的政治和經濟帶來很大的影響。

運至西班牙的白銀，從十六世紀後半開始持續增加，在該世紀末達到巔峰。十六世紀後半，西班牙開始實施「馬尼拉大帆船貿易」，每年都有大型的加利恩帆船（galleon）往返墨西哥的阿卡普科與菲律賓的馬尼拉之間，美洲的便宜白銀也有約三分之一運送至東亞；像是中國，就是用絲綢和陶瓷器來交換這些便宜白銀。這些商品橫跨太平洋、經過加勒比海，再遠渡大西洋、抵達歐洲。馬尼拉大帆船貿易從一五六五年到一八一五年，共持續了兩百五十年之久。

到後來，波托西銀礦的產量一路下滑，十七世紀中葉時大幅減少，進入十九世紀後便幾乎完全枯竭。十九世紀末，礦區開採出大量錫礦，使得這裡再次恢復了活力；但現在連錫礦也幾乎被搜刮殆盡，只剩下小規模的採礦工作。

我去南美洲旅行時曾參觀過波托西礦山。當時我在路上遇見一個賣葉子的人，他身上的簍子裡裝滿了古柯葉。據說在銀礦工作的原住民連午餐都沒得吃，只能拚命工作，所以進入礦坑時，會將古柯葉塞滿整個嘴巴，以吸取其中的成分，好忘卻飢餓感、消除疲勞和睡意，才能長時間持續勞動。

我當時戴著安全帽走了一段坑道，這是波托西觀光的一大賣點，但觀光客想在開放的坑道中想像當時血汗的勞動場面，是不可能的事。波托西銀礦做爲奴隸制度的象徵，在一九八七年被指定爲世界遺產，也成爲「黑暗遺產」（dark heirtage，專指與人類悲劇有關的文化遺產）之一。

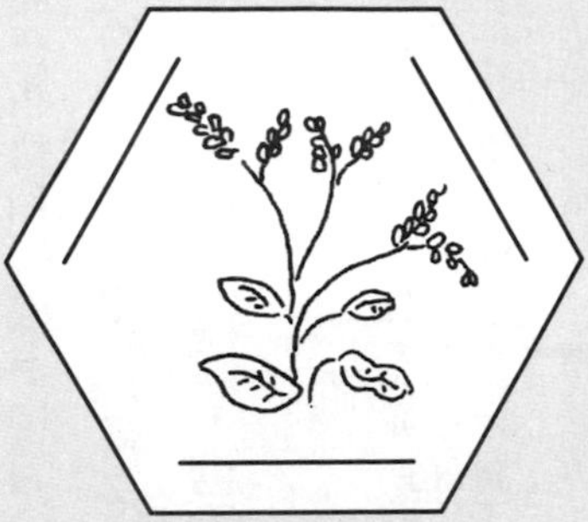

第 12 章

染出美麗

美麗的染料與纖維

食、衣、住當中，「衣」不只爲了避暑禦寒，也隨著人類想打扮美麗的欲望發展而來。衣物要用染料才能染出色彩，而能做爲染料的物質，不只擁有美麗的顏色，還必須具備能在布料和絲線上均勻染色的染著性；經過日曬、洗滌、摩擦、吸汗後，也必須保持穩定的品質，不能輕易變色或褪色。

染料不僅用於纖維，也用於紙張、塑膠、皮革、橡膠、醫藥品、化妝品、食品、金屬、毛髮、洗潔劑、文具、照片……的著色，以及染料雷射儀器發光之用。

不過，染料又分爲從動植物身上取得的天然染料，以及化學合成的合成染料。直到十九世紀中葉之前，都只有天然染料可用。天然染料又分爲植物性染料和動物性染料。植物性染料最常見的有薑黃、茜草、紅花、蘇木（蘇方）、蓼藍、紫草……動物性染料最常見的則有胭脂紅、骨螺紫等等。

蓼藍的葉子含有靛藍色素，茜草的根部含有紅色的茜素色素。古埃及木乃伊外層包裹的麻絲，也都曾用靛藍和茜素染色。

蓼藍葉發酵
靛藍色素還原
觀察還原的狀態
染色
氧化變成靛藍色
藉由發酵，可產生不溶於水的靛藍色素。
加入鹼液攪拌，還原成可溶於水的黃色靛白。
將布料浸入靛白溶液裡，使其充分滲透。
染好色的布料接觸到空氣，就會氧化變回靛藍色。再經水洗風乾後便完成。

藍染的程序

現在只有極少數地方仍會用蓼藍將布染成靛藍色，像日本和臺灣，都還有天然的藍染工藝在傳承。將布料浸入蓼藍製成的溶液後充分搓揉，讓色素完全滲透至纖維中。取出布料後，表面偏綠的色澤會逐漸因接觸空氣而氧化、變成藍色，必須反覆進行染色和接觸空氣的程序，布料才會逐漸變成深藍色。最後再用清水漂洗風乾，定色後再次風乾就完成了。

古代的海洋國家腓尼基，盛行用貝類將布料染成紫色，這就是骨螺紫。從瘤岩螺等骨螺科貝類內臟所含的紫色腺體中，取出接近無色的淡黃色黏液，塗抹在纖維上，待黏液在空氣中產生氧化反應後，就會變成略偏紅的紫色。

骨螺紫發源自腓尼基的港都泰爾，因此又稱為「泰爾紫」。據說骨螺紫是由希臘神話中的英雄海克力斯所發現：他看見自己飼養的狗咬碎貝殼時，嘴邊染上了深濃的紫色。

從骨螺所得到的骨螺紫非常稀少，一公克的骨螺紫，大約需要約九千顆骨螺，這使得紫色布料價格十分昂貴，只有王公貴族和高階宗教人士才可以穿著，因此又有「帝王紫」之稱。現在紫色依然是帝王的代表色和國王的象徵。以前曾為了製造骨螺紫而捕捉了數量龐大的骨螺，據說還曾讓骨螺在西元五世紀左右瀕臨絕種。

從藍染到骨螺紫，這些天然染料產業，隨著合成染料的問世而衰微。

直到現代仍持續使用的天然染料之一，是胭脂紅。胭脂紅是從寄生在仙人掌的胭脂蟲身上取出的色素，主要棲息於秘魯和墨西哥等中南美地區。

早從馬雅和印加時期開始，當地人就會把胭脂紅當成織品染料和口紅等化妝品的材料。西班牙人來到美洲後，便壟斷了胭脂紅的生意。這種染料在十六世紀到十九世紀間，深受西班牙、英國、殖民時代的美國歡迎，因為只有胭脂蟲，才能染出如此自然又鮮豔的粉紅色。

胭脂紅現在仍持續運用在紡織、食品（食品添加物中的天然色素）、化妝品和藥品的染色。胭脂紅的主要生產國家爲秘魯，當地透過大規模栽種仙人掌來飼養胭脂蟲。

最早的合成染料

天然染料最麻煩的地方在於產量有限、顏色種類少、雜質多。而隨著棉織品開始大量生產，科學家也著手研發色澤美麗繽紛，又能簡單染色的合成染料。

最早的合成染料，是一八五六年時，由英國化學家威廉．珀金（William Perkin）所發現的。

一八四五年時，英國邀請了德國化學家尤斯圖斯．馮．李比希的門生奧古斯特．威廉．馮．霍夫曼（August Wilhelm von Hofmann），在倫敦創辦了化學學院（皇家化學學院）。在工業革命的發展下，鋼鐵業從木炭改成用焦炭來煉鐵，而在煉鐵過程中，會生成煤氣和黏稠的黑色煤焦油。許多化學家開始對煤焦油的成分產生興趣，而霍夫曼從中提取出苯，還進一步合成另一種化合物「苯胺」。

當時在霍夫曼身邊的年輕助手就是珀金。珀金嘗試使用苯胺製造出昂貴的瘧疾特效藥奎寧。那個年代，以大英帝國爲首的歐洲各國，陸續在印度、非洲、東南亞這些瘧疾肆虐的地區建立殖民地，但能夠防治瘧疾的藥物，只有從金雞納樹樹皮中萃取出的奎寧。珀金認爲，如果能在苯胺分子中加入氧原子，或許可以製造出奎寧，但每次實驗都以失敗告終。

有一天，他在苯胺裡加入了硫酸和重鉻酸鉀，進行苯胺氧化實驗，沒想到偶然生成了黑色沉澱物。雖然那個沉澱物並不是奎寧，但是將它沖洗晾乾後再與乙醇混合，就成了漂亮的紫色液體。

這或許能當做染料也說不定……

珀金將絲綢浸入液體中，結果染成了美麗的紫色，即使用熱水和肥皂清洗也不褪色。他認爲這種紫色染料應該可以帶來商業上的成功，便興沖沖地將染過色的布送到蘇格蘭的大型染料公司——對方的回應是：「您的發現必定是近年罕見且最有價值的一大發明。」

當時的珀金只有十八歲。他不顧霍夫曼的反對，從大學休學，並在家人的幫助下創立了「珀金父子商會」，開設染料工廠，並以工業規模開始製造、銷售苯胺。由於這種紫色和生長在地中海一帶的錦葵花（Malva）顏色十分相似，所以便將這種染料命名為「錦葵紫」（Mauve）。

除了絲綢，珀金也透過媒染劑（能幫助染色的物質）的使用，讓棉織品的染色成為可能。錦葵紫立刻成為巴黎貴婦衣著的流行色彩，轉眼間轟動全歐洲。

珀金一家成了大富翁，但他並沒有因此滿足，仍繼續鑽研化學，後來成了知名的化學家。珀金發明了錦葵紫後，許多化學家也陸陸續續合成出更多苯胺染料，英國、法國、德國都興建了許多染料工廠，「錦葵紫」可說是揭開了合成染料時代的序幕。

無機物居然能生成有機物！

在十八世紀，拉瓦節時代的化學家，將物質分為構成生物形體的「有機物」（有機化合物），和不屬於這類的「無機物」。所謂的「有機」指的是「有生命的、有生存的功能」，所以生物被稱爲「有機體」；凡是有機體這種擁有生命力的生物所製造出的物質，就是「有機物」。

砂糖、澱粉、蛋白質、乙酸（醋的成分）、乙醇……許多物質都屬於有機物。相較之下，無機物是指水、岩石、金屬這些不必借助生物作用就能形成的物質。**長年以來，人類都認爲，利用生命作用製造出的有機物，不可能用人工方式製造**。直到十九世紀初期，這項概念仍支配了整個化學界的發展，認爲有機物就是這麼特殊的物質。

終於，到了一八二八年，德國化學家弗里德里希·維勒（Friedrich Wöhler）想要合成無機物氰酸銨，卻意外以人工方法成功製造出有機物尿素。維勒曾留學瑞典，師從瑞典化學家永斯·貝吉里斯（Jöns Jacob Berzelius），當時維勒才剛學成返回德國。獲得這項成果後，他馬上寄信告訴老師，信中寫道：「老師，我沒有使用動物的腎臟就成功製造出尿素了。」

雖然實際上尿素並不是由腎臟製造，而是肝臟；即使如此，**未借助生物的生命力、用無機物合**

成有機物的技術，仍是一項劃時代創舉。此一事實可說大大地衝擊了當時的化學家。

做夢夢到苯

研究有機物的化學稱爲有機化學，而確立這門學問的人，是德國基森大學的李比希教授。

一八四七年，十八歲的青年奧古斯特·凱庫勒（August Kekulé）進入基森大學就讀建築系。後來聽了李比希的化學課，深受化學吸引，於是從建築系轉入化學系，成爲李比希的學生。

一八五八年，醉心於研究的凱庫勒發表理論，主張「碳是可以建立四個原子鍵結（化合價）的原子，碳原子會與彼此或其他原子結合」。

碳的化合價是四，氫的化合價是一，意思是一

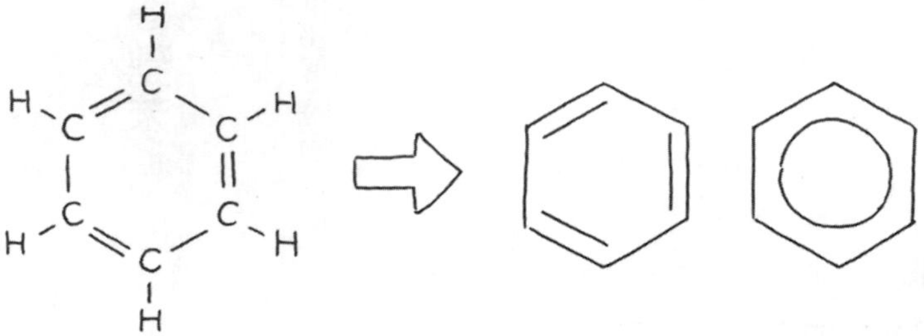

苯的結構與苯環的簡略標示法

個碳原子可以建立四個鍵結，一個氫原子可以建立一個鍵結（關於化合價，請參照第3章）。

舉例來說，甲烷（CH_4）的中心是可建立四個鍵結的碳原子，碳原子的每個鍵結都各連接了能建立一個鍵結的氫原子。乙烷（C_2H_6）有兩個碳原子，這兩個碳原子各用一個鍵結彼此相連，其他的鍵結位置共連接了六個氫原子。乙烯（C_2H_4）也有兩個碳原子，只是這兩個碳原子各用兩個鍵結彼此連接，剩下的鍵結位置還有四個，各連接一個氫原子。乙烷的碳原子建立的鍵結稱爲「單鍵」，而乙烯的碳原子建立的鍵結稱爲「雙鍵」。

當時，苯（C_6H_6）的結構還是個謎，而這個謎團直到一八六五年才由凱庫勒解開。

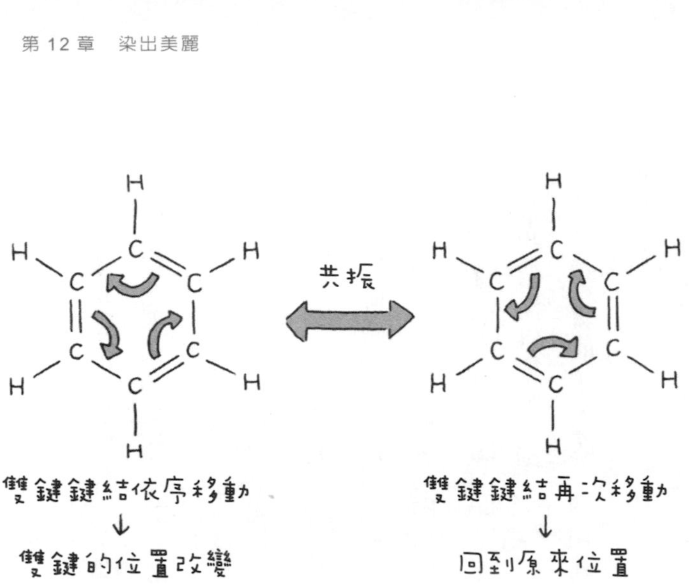
共振
雙鍵鍵結依序移動
↓
雙鍵的位置改變
雙鍵鍵結再次移動
↓
回到原來位置

苯的共振結構

有一天，他在夢裡看見蛇咬著自己的尾巴、變成圓環狀，才想出苯的六個碳原子可以圍成一圈。他將苯的結構畫成正六角形，雙鍵與單鍵相隔出現。曾就讀建築系的凱庫勒，說不定具有將碳的結構視覺化的能力。從建築到化學，看似比別人多繞了遠路，但這分經驗卻在意想不到的地方發揮了功用。

在這之後，有機物的結構逐漸明朗。苯的單、雙鍵不但交互排列，還會在某個瞬間形成雙鍵，某個瞬間又形成單鍵。他更進一步提出了「共振結構」，意思是各鍵結的結合狀態其實都是介於雙鍵與單鍵中間的「一．五鍵」。

依分子設計圖進行合成

珀金最早做出的合成染料是偶然之下的產物，但是在凱庫勒釐清苯的結構之後，便可以從理論上預測新染料的合成。

芳香烴是含有苯環的烴類（碳氫化合物）。烴類包含了沒有環狀結構的甲烷、乙烷、乙烯等鏈烴，以及碳原子呈環狀連結的環烴。

在結構上，由於芳香烴含有苯環，而苯環的結構是很穩定的，所以產生化學反應時會保持不動，與（苯環的）碳原子相連的氫原子則會被另一個原子（或原子團）取代。至於會用「芳香」這個名稱，是因爲當時發現的化合物散發出香味的關係。

珀金從煤焦油中提取出苯、製造苯胺，進而發明新的紫色染料「錦葵紫」。釐清苯的結構以後，人們才終於明白苯和苯胺的差異：把苯的其中一個氫原子換成胺基（$-NH_2$），就成了苯胺。換句話說，人類已經知道如何畫出從苯合成苯胺的「分子設計圖」。

根據分子結構從「分子設計圖」合成的染料之一，就是茜素。一八六八年，德國化學家卡爾・格雷貝（Carl Gräbe）與卡爾・利伯曼（Carl Liebermann）設想了茜素的分子結構，成功用從煤焦油所含的成分「蒽」（音「恩」）合成出茜素。合成茜素問世數年後，法國的茜草田開始休耕，改種葡萄，因爲合成茜素的價格不到天然茜素的一半，使得茜草的市場價値大幅滑落。

德國化學家阿道夫・馮・拜爾（Adolf von Baeyer）根據靛藍的分子結構研究成果，於一八八〇年成功用肉桂酸合成出靛藍。蓼藍所製成的靛藍素有「染料之王」的稱號，過去是印度特產，並大量進口至歐洲；但自從合成靛藍上市後，以數百年來壟斷市場的印度爲中心，全世界的蓼藍栽培產業和天然蓼藍染料工廠一一面臨破產的困境。

就這樣，直到十九世紀末，合成染料憑著物美價廉、色彩均勻搶占了天然染料市場，成爲染料的主流。

這些合成染料都是以煤炭的乾餾成分煤焦油爲原料。原本又髒又臭、只能丟棄的煤焦油，如今搖身一變，成爲珍貴的物資，實在很有意思。在一八六二年倫敦舉辦的萬國博覽會中，還將色調鮮豔的合成染料與看起來髒兮兮的煤焦油放在一起對照展示。

後來問世的尼龍等合成纖維（參見第15章）也能使用合成染料染色，使得世界徹底邁向合成染料的時代。

引領有機化學工業的德國

自一八六〇年代以來，全球染料工業的先驅一直都是德國。德國的化學工業以三家公司為發展主軸：一是巴登苯胺純鹼公司（現為巴斯夫歐洲公司 BASF，創立於一八六五年），它與合成出茜素的格雷貝和里伯曼簽約，開始進行茜素的工業化生產。第二家是赫司特公司（Hoechst，創立於一八六三年），主要生產鮮豔的紅色染料「品紅」（洋紅）、以擁有專利的獨家方法所合成的茜素，以及合成靛藍。第三家是拜耳公司（Bayer AG，創立於一八六三年），它同樣以生產合成茜素來搶攻市場。

一八六〇年代，三家公司的合成染料產量還難以在全球占一席之地；但是到了一八八一年，其年產量的總和已達全球的一半；到了一九〇〇年左右，德國的產量已占全球染料市場的九〇％。

拜耳公司利用合成染料的收益跨足藥品的開發和生產，並在一九〇〇年左右推出阿斯匹靈。在兩次世界大戰中，這三家公司曾一度合併，不過二戰過後便又各自獨立。現在的拜耳公司在塑膠、纖維、藥品等有機化學工業領域中，都有其不可動搖的地位。

第 13 章

從染料到醫藥

從染料轉向製藥

對英國的威廉・珀金來說，上一章介紹的合成「錦葵紫」孕育出龐大的染料工業，應該還在他的預想範圍內；不過，從染料工業衍生出合成藥品，如此大幅度的發展，應該就出乎他意料之外了。

一八九〇年代後半的德國有許多染料製造商，競爭十分激烈，市場也逐漸飽和。拜耳公司以合成茜素的收益爲資本，要求公司所屬的化學家從合成染料轉向研發具有前瞻性的化學產品（藥品）。

一八九七年夏天，拜耳公司的年輕化學家費利克斯・霍夫曼（Felix Hoffmann），將從柳樹樹皮中萃取出的水楊酸，與乙醯基（CH_3CO-）結合（把羥基「-OH」的「H」替換成乙醯基），製成乙醯水楊酸。

水楊酸原本就具有退燒鎮痛和消炎的作用，但由於會刺激胃部黏膜、造成疼痛，所以是價值很低的藥品。霍夫曼的這項實驗，就是希望在維持水楊酸的消炎作用之餘，也消除對胃部的傷害。

拜耳公司在一八九九年時，將這種合成物粉末做成小包裝藥品，以「阿斯匹靈」的名稱上市販售。阿斯匹靈越來越受歡迎，直到從柳樹皮和薔薇科植物旋果蚊子草所萃取的水楊酸已供不應求後，才改用苯酚（別名石炭酸）來合成，以因應市場需要。

現在，阿斯匹靈已成爲最常用於治療疾病和傷口的藥品。

可治梅毒的砷凡納明

霍夫曼合成出乙醯水楊酸時，這廂的德國醫師保羅．埃爾利希（Paul Ehrlich）則嘗試了各種方法，想用染料做出藥品。有些染料可以爲某些組織或微生物染色，但其他組織和微生物卻不行。某些細菌與染料的融合度甚至比跟人體細胞更好。由於染料對細菌來說是有毒的，或許可以研發出不會傷害其他組織的染料；換言之，就是**研發出不會傷害病患**

身體、只會殺死入侵細菌的藥。他將自己構思出的新藥稱爲**「魔法子彈」，這種子彈是用色素分子製成，目標則是染上色素的組織和微生物**。

埃爾利希花了好幾年時間，反覆實驗並合成數百種化合物，經歷接二連三的失敗後，終於在一九〇九年時，確認他的日本學生秦佐八郎發現的「六〇六號化合物」能有效治療梅毒螺旋體。一九一〇年，曾協助他研究的染料公司赫司特，將這種藥品以「砷凡納明」之名上市販售。

在此之前，人類花了四百年以上的時間，嘗試各式各樣的梅毒療法。例如在十六世紀的歐洲，曾用過汞療法，結果造成許多患者汞中毒。接受汞療法的病患在蒸氣室裡吸進汞蒸氣並溫暖身體，卻反而因心臟衰竭、脫水、窒息而死亡。倖存者中，大半也都陷入無機汞中毒，出現頭髮和牙齒脫落、流口水、貧血、抑鬱等症狀，並深受腎衰竭和肝衰竭所苦。

砷凡納明含有砷，確實會引發一些副作用，但比起殘酷的汞療法來說還是好多了。

這種藥品大幅減少了梅毒病患，爲赫司特公司賺進龐大收益，也成爲研發其他醫藥品的資金。

砷凡納明在效果更好的盤尼西林（青黴素）普及後，便漸漸銷聲匿跡，不過它是史上第一項成功製造出來的合成藥品，從這一點來看，它依舊是一項劃時代的發明（阿斯匹靈是模仿天然藥品的合成物質）。

但「魔法子彈」的研發卻在砷凡納明之後就畫下了句點。在這之後超過二十年的時間裡，即使依據埃爾利希的獨創思維繼續研發藥物，也沒有得到任何成果。於是絕大多數公司都理所當然地放棄了這個方法——除了德國的大型化學公司。

傳染病與磺胺製劑

一九一八年十一月十一日，德意志共和國政府正式向協約國投降，終於結束了長達四年的第一次世界大戰。

德國的經濟和化學工業早就因戰爭陷入困境。一九二五年，在惡劣的經濟狀況下，為了振興國內的化學產業，德國強制合併了主要的幾家化學公司，組成全世界最大的化學企業集團「法本公司」，並將收益全部投入新產品的研究開發。

法本公司化學家們唯一的目標，就是研發新的物質，其中大多數都是用煤焦油製成的合成染料和類似的化合物。在醫師的指導下，化學家針對許多物質進行實驗，只要發現有望發展的線索，就會想辦法加上、去除或替換成其他分子，嘗試做出結構類似的全新化合物，想找出具有功效的藥物。

一九二七年，有一名年輕的醫師格哈德．多馬克（Gerhard Domagk）受僱於法本公司。他曾以軍醫的身分參與第一次世界大戰，在戰場上見識過無數因傷口遭細菌感染而喪命的士兵，其中大多數都是肇因於鏈球菌（化膿性鏈球菌）。鏈球菌會引發敗血症、扁桃腺發炎等疾病。

多馬克參與研發對付鏈球菌感染的「魔法子彈」計畫。他分離出毒性非常強的超級鏈球菌，陸續對遭受細菌感染的小鼠投以化學團隊所合成的物質，以判定藥效。但是他嘗試了各種染料，都沒能成功；含有黃金的化合物或奎寧類物質也都沒效，因感染超級鏈球菌而死亡的小鼠多達數萬隻。

直到一九三二年的秋天，他發現鮮紅色的偶氮（含有氮氮雙鍵的化合物）染料「百浪多息」（Prontosil）有顯著的藥效。遭感染的老鼠在投用百浪多息後，變得活蹦亂跳、非常有精神。

多馬克決定讓女兒喝下仍在實驗階段的染料——女兒因輕微刺傷感染了鏈球菌，奄奄一息。沒想到女兒迅速且完全康復了！

起初，多馬克以爲殺死細菌的是染料，但後來法國化學家發現，是百浪多息在人體內分解後生成的「磺胺」具有抗菌活性，而不是染料本身。

於是，許多化學家開始合成類似的化合物，自一九三五年到一九四六年，共合成超過五千種磺胺衍生物，統稱爲磺胺類藥物。它們有優異的療效，從最早試用的多馬克女兒開始，拯救了無數人的性命。

美國也曾廣泛使用磺胺類藥物，但後來卻造成了悲劇：藥廠將磺胺類藥物做成容易入口的甘甜藥水，沒想到致死案例層出不窮，演變成藥害事件。

藥害事件發生後，立刻引起美國食品藥物管理局（FDA）關切，而在美國醫學會和FDA調查期間，犧牲者仍持續增加。醫學會指出，爲了溶解磺胺類藥物，製藥公司使用了帶有甜味卻具毒性的二乙二醇爲溶劑。十一月底，FDA的主管機關農業部向美國參眾兩議會報告時，已確定有七十三人死亡，另外還有一人舉槍自盡，就是研發該藥品的主任化學家，最後共計造成百餘人死亡。

這起藥害事件，**促成時任總統的羅斯福於一九三八年簽署《聯邦食品、藥品和化妝品法案》**。過去那些未受管束的危險藥品，全都開始依法管制；可想而知，那些接受醫藥相關產業獻金，或爲這些產業宣傳的政治人物與媒體，全都大力反對。儘管如此，新的醫藥管制條例仍因這起事件迅速通過，強化了FDA的權限。這是美國最早**要求新藥品必須提出安全證明、包裝及說明書必須列出所有活性成分，才得以上市銷售的法律。這條法律後來經過多次修訂，至今仍是現行藥品相關法律的基礎，也是全球各國的典範**。

只不過，磺胺類藥物容易產生抗藥性，因此隨著盤尼西林與其他更有效的殺菌藥物問世，現在已幾乎不再使用，但它在歷史上所扮演的角色依然非常重要。

盤尼西林的發現

用微生物製造、可阻止微生物和細菌生長的物質，稱爲「抗生素」。最早應用於人體的抗生素是盤尼西林。一九二八年，生物學家亞歷山大·弗萊明（Alexander Fleming）發現，實驗時不小心混入的青黴菌，會抑制金黃色葡萄球菌的生長。他將這種黴菌產生的抗菌性物質命名爲「盤尼西林」，不過當時這項發現並未受到重視。

直到一九三九年左右，藥理學家霍華德．弗洛里（Howard Florey）和生物化學家恩斯特．伯利斯．柴恩（Ernst Boris Chain）等人，才又重啓盤尼西林的研究。他們眼見第二次世界大戰白熱化導致傷兵與日俱增，便著手找尋新的藥物。一九四〇年，他們從培養液中抽取出盤尼西林，成功完成部分純化。之後，盤尼西林得以量產，就連在一九四四年的諾曼第登陸一役中，也獲軍方廣泛使用，拯救了許多傷兵的性命。

早期是用青黴菌等生物合成法（物質在生物體內合成）生產天然的盤尼西林，不過到了一九五〇年代，釐清盤尼西林的分子結構之後，以人工方式改變天然盤尼西林局部結構所製成的半合成盤尼西林問世，並開始成爲主流。現在則是依化學結構不同而分成許多種類，除了用來治療肺炎及多種化膿性疾病，對敗血症、產褥熱、梅毒也有顯著的功效。

盤尼西林的成功讓化學家和微生物學家趨之

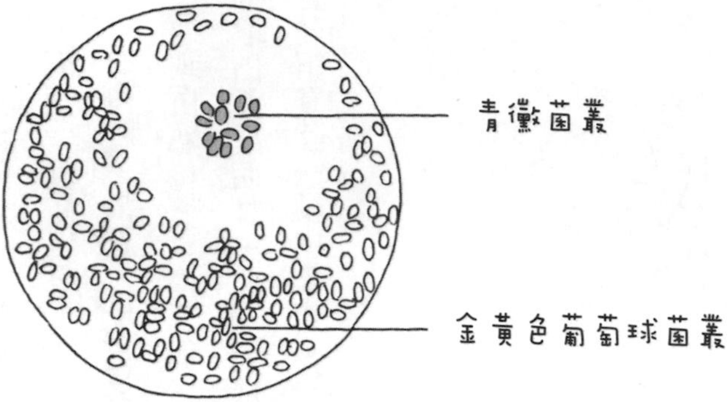

只有青黴菌周圍沒有長出金黃色葡萄球菌，
弗萊明認為青黴菌一定能產生抑制金黃色葡萄球菌生長的物質。

若驚，努力尋找能治療傳染病的物質。微生物學家賽爾曼·瓦克斯曼（Selman Waksman）發現結核桿菌會死在土壤中，由此獲得啓發，一九四四年時從放線菌的培養液中，抽取出能對抗結核桿菌的鏈黴素。這項抗生素的發現，大幅降低了肺結核的死亡率。

日後研究還從放線菌中發現了四環黴素、氯黴素等多種抗生素。

抗藥性細菌登場

由於科學家發現的抗生素越來越多，使得抗生素成爲現代十分普遍的藥品。曾令人類苦不堪言的肺結核、鼠疫、痢疾、霍亂等傳染病，彷彿都已離我們遠去。

但好景不常，細菌很快便開始反撲，開始出現讓抗生素發揮不了作用的「抗藥性細菌」。抗藥性細菌當中，會造成院內感染、成爲生命一大威脅的，是「耐甲氧西林金黃色葡萄球菌」（MRSA）。甲氧西林是一種對抗藥性細菌很有效的抗生素，就連它也奈何不了的金黃色葡萄球菌，就是MRSA。

抗生素「萬古黴素」自一九五六年開始使用，已有四十年以上未曾出現過抗藥性細菌，是對付MRSA的王牌。然而就在二十世紀末，有報告顯示，出現了萬古黴素抗藥性腸球菌，後來也發現了其他對萬古黴素有抗藥性的細菌。

現在人類的最後一道堡壘，就是二〇〇〇年上市的利奈唑胺。這是一種合成藥物，是以不同於現有抗生素作用的原理，來抑制細菌繁殖；但儘管如此，依然有零星病例顯示，MRSA可能已對利奈唑胺產生抗藥性。

讓細菌產生抗藥性的原因之一，就是過度使用抗生素。舉例來說，抗生素其實對病毒無效，所以醫師應該只在病人明顯有細菌感染的疑慮時，才開立抗生素。目前人類仍在研發不易讓細菌產生抗藥性的新型抗生素，繼續與病原菌永無止盡地纏鬥。

自古以來，植物就是藥

陸地上已命名的植物約有二十五萬種，其中可食用的大約只占幾個百分比而已。

我們的祖先會口嚼果實、葉片和花朵，偶爾也會試著吃下肚，透過這種方式不斷嘗試摸索，想找出可以吃的植物。其中大多數吃了會導致麻痺或嘔吐，一不小心就會死亡；大約每二十種植物中，只有一種可以食用。即使如此，人類祖先還是慢慢找出了可食用的植物，更驚人的是還找到了藥草。古代的治療師都能分辨哪些植物是藥草，以及該怎麼使用才好。

約在西元前四〇〇〇年建立美索不達米亞文明的蘇美人，他們所遺留下來的黏土板就記載著許多藥用植物的名稱。在一世紀時，古希臘的藥物學家佩達努思・迪奧斯科里德斯（Pedanius Dioscorides）著有《藥物論》一書，這是世界上最早以系統性且科學性方法寫成的藥典。

據說迪奧斯科里德斯也是羅馬皇帝尼祿的御醫，他趁著隨軍隊轉戰各地的機會，親自採集了數百種藥草、一一列出了所有用途和效果，還研究了藥物的製作方法和建議用量；比如葉片會風乾後磨碎、用小火慢熬；根部清洗後搗成泥或生吃。或是和葡萄酒或水混合後飲用，或是做成藥丸或藥水，或是用鼻子吸入，或是塗抹在皮膚上，甚至還有塞入肛門的栓劑。《藥物論》在後來長達千年的時間裡，一直都被當成藥物指南活用著。

最活躍的煉金術士

從古代到十七世紀，煉金術興盛了將近兩千年。煉金術在進入西元後不久，便出現在埃及的亞力山卓、南美洲、中美洲、中國、印度等地；大家的動機都是想從金屬中提煉出黃金，以及治療疾病。

煉金術士都相信，只要使用「賢者之石」，就能將金屬變成黃金，並爲了製造賢者之石而走火入魔。他們認爲，這種石頭裡包含了礦物元素、金屬元素、靈性元素，所以能爲萬物治百病，不但能維持健康，也能讓人長生不老。

煉金術也用於製造藥物。煉金術士中，最活躍的是出生於十五世紀末的帕拉塞爾蘇斯（Paracelsus），出生時名爲德奧弗拉斯特・馮・霍恩海姆（Theophrastus von Hohenheim），他自稱「帕拉塞爾蘇斯」，意指「超越凱爾蘇斯」——凱爾蘇斯（Celsus）是一世紀時的羅馬醫學家，當時他的著作被重新發掘出來，在醫學界風靡一時。

帕拉塞爾蘇斯發現，凱爾蘇斯的著作大多改寫自西元前四世紀去世的古希臘醫學家希波克拉底的作品，因此認定自己絕對比他更爲優秀，自稱「超越凱爾蘇斯」是理所當然的事；而且還爲了證明自己的實力，刻意頂撞當時的醫學權威。他好爭辯、愛挑釁，人們對他的褒貶毀譽落差極大，支持者和反對者都非常多。

帕拉塞爾蘇斯帶著裝有藥劑和器材的包包，走遍歐洲各鄉鎮。他批判煉金術「所有金屬都是由汞和硫構成」的傳統思維，並加上第三種成分「鹽」。後來，他的「三元素理論」幾乎取代了過去的汞硫二元素理論。

過去歐洲的藥物原料多爲植物，但他加入了礦物藥劑，率先將氧化鐵、汞、銻、鉛、銅、砷等金屬化合物當成藥品使用。

帕拉塞爾蘇斯曾用於治療的化合物，在現代除了皮膚病用藥以外，還有各式各樣的用途。

帕拉塞爾蘇斯的萬靈丹

帕拉塞爾蘇斯認爲，煉金術的運用應有益於醫學，開發化學治療法、調製出適合各種疾病療法的藥劑。他將有潛力的藥物用在自己和徒弟身上，並追蹤藥效；其中，他最中意的是一種叫做「鴉片酊」的藥丸，只用在非常嚴重的疾病上。

據說有一次，鴉片酊的藥效強大到甚至能讓看似彌留的病患，突然從床上坐了起來。鴉片酊雖是傳說中的神藥，不過現在已經知道其製法中的祕密。它的成分中，含四分之一的鴉片精華，是一種可舒緩各種疾病症狀的鎮靜劑，所以才能發揮類似萬靈丹的功效，人們甚至稱它爲「永生石」。

由於帕拉塞爾蘇斯樹敵眾多，使得他在去世後並沒有得到什麼好風評；但到了十六世紀末左右，各地突然出現視其著作爲圭臬的信徒，進一步形成重視實驗和實證更勝於文獻的「化學醫學派」

（iatrochemistry，古醫化學）。

十八世紀末的歐洲，鴉片已是炙手可熱的藥物；到了十九世紀中葉，更是廣泛普及。鴉片正準備登上世界史的巨大舞臺。

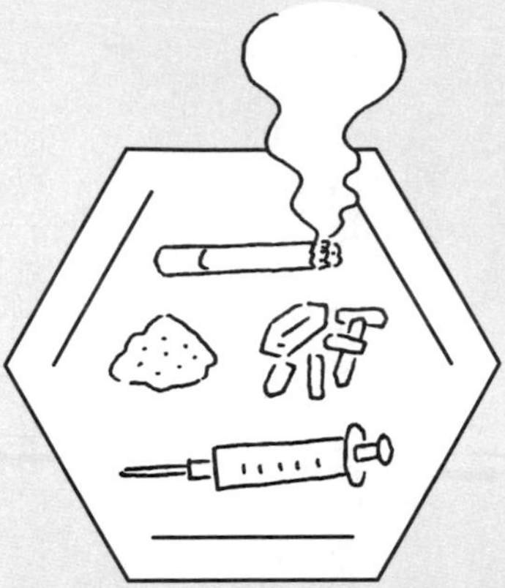

第 14 章

毒品，興奮劑，

還有菸

毒品之王罌粟

鴉片是從未成熟的罌粟果實中取出白色汁液後，再乾燥製成的茶褐色粉末，含有大量嗎啡，是最具代表性的毒品之一。

原產於歐洲和北非的罌粟，曾被蘇美人稱為「快樂之花」，由此可見它的歷史有多古老。在西元前一五〇〇年代的古埃及，有部記錄了醫學知識的《埃伯斯紙草卷》，裡面就提到：當幼兒哭鬧不休時，可餵食罌粟漿。

曾在歷史中記上一筆的毒品，都是從天然植物採集而來，最著名的就是罌粟、古柯樹、大麻這三種植物。罌粟可以製成鴉片、嗎啡、海洛因，因此又稱為「毒品之王」。

只要縱向劃開未成熟的罌粟果，就會流出乳白色汁液，乾燥並凝固後呈現茶褐色，這就是（生）鴉片。鴉片中含有多種化合物，統稱為鴉片生物鹼，嗎啡就是其中一種。

要讓罌粟的幼苗和種子成長，高溫、高濕是不可或缺的；之後則需要乾燥的環境，因此主要栽種於巴爾幹半島、小亞細亞（安納托力亞）、伊朗、印度等地，是穆斯林商人經常銷售的商品。

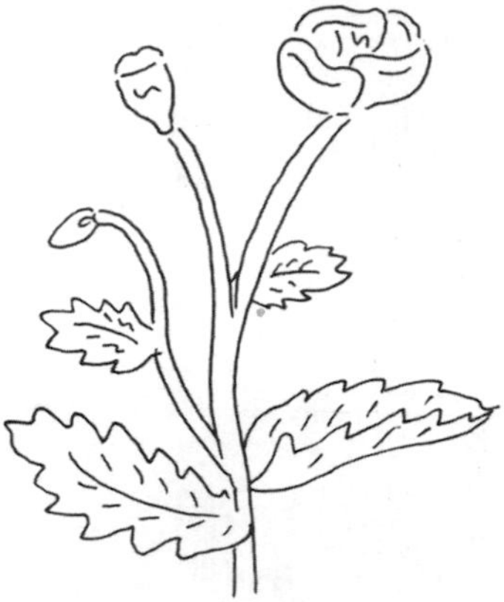

葉片基部環抱著莖是罌粟的特色

鴉片原本是藥劑

鴉片有麻醉中樞神經的作用，可以抑制劇痛、劇烈咳嗽、腹瀉，多用於催眠和輔助麻醉。它的效果和嗎啡一樣，但作用比較穩定，藥效也發揮得較慢。副作用包括噁心、嘔吐、頭痛、暈眩、便祕、皮膚病、排尿障礙、呼吸抑制、昏睡等慢性中毒症狀，一旦濫用，就會使人陷入形同廢物的狀態。

此外，鴉片也是毒品，會讓人成癮，服用量也會越來越高，若不持續吸食，就會產生戒斷症狀。在許多國家，毒品多半是透過黑社會組織銷售，吸食者和成癮者除了青少年，也包括一般社會人士，甚至是家庭主婦，成爲重大社會問題。

從罌粟中取得生鴉片後，再將裡頭所含嗎啡成分加工，就能製成海洛因。因生產阿斯匹靈而聞名的德國化學公司拜耳，在一八九七年研發出海洛因，做爲中樞神經麻醉藥品。由於它的效果非常好，便引用德語的「heroisch」（英雄般的）一詞，命名爲「Heroin」（海洛因）。

鴉片戰爭

因鴉片而掀起的紛爭，讓全球資本主義的觸角延伸到了中國。鴉片戰爭（一八四〇年～一八四二年）就是英國對嚴加取締鴉片走私的清朝發動的侵略戰爭。

十六世紀初，中國的茶葉透過船員和傳教士傳入歐洲。起初是在藥鋪當成珍貴的藥品販售，以量計價，但漸漸的，越來越多人開始喝茶，十七世紀之後，英國喝咖啡和茶的習慣已經十分普遍。

負責進口咖啡和茶葉的，是英國和荷蘭的東印度公司。英國從很久以前就開始買賣咖啡，直到一七三〇年代，茶葉才大幅增加，咖啡則是減少——因爲咖啡的進口贏不過荷蘭，這才使得英國增加從中國進口的茶葉數量。

起初，咖啡和茶都是貴族或有錢人才喝得起的飲料，但到了十八世紀後，荷蘭成功降低了爪哇咖啡的成本，英國也調降了中國茶葉的進口關稅，於是價格也跟著下降。除此之外，進入十九世紀後，砂糖也成爲常態商品，這下子，就算是平民，也喝得起加了砂糖的茶和咖啡。

但茶葉的供應源頭只有中國。在英國開始於印度內陸的阿薩姆和大吉嶺栽種茶葉前，每年都必須從中國進口數量龐大的茶葉，但英國這邊卻沒有合適的出口品，只能支付銀幣。

一七七五年到一七八三年，英國因爲在美國獨立革命中戰敗，財政吃緊，國內開始缺乏銀幣。在苦於沒有足夠的銀幣可與清朝貿易下，便計畫利用東印度公司在孟加拉壟斷罌粟的栽培，藉此走私鴉片給清朝。

英國從印度次大陸賺取的收益中，有二〇%都是鴉片。有句話說「鴉片撐起了大英帝國」，看來並不算言過其實。

沒想到，後來清朝頒布了鴉片貿易禁令。許多清朝官員曾因受賄之故，默許鴉片交易，導致吸食鴉片的習慣迅速流傳開來。在一八三〇年代中期，吸食鴉片的人數據說已超過兩百萬人。一八三一年後，爲了購買鴉片，使得清朝的白銀大量流向海外，銀價甚至因此翻倍，這也使得必須以白銀納稅的農民生活一舉走向困頓。

於是，清廷派遣禁菸派的官員林則徐前往廣州，當場沒收並燒毀一千四百多噸鴉片，下令嚴禁鴉片貿易。對此產生反彈的英國，於一八四〇年發起鴉片戰爭，派出了包含十六艘軍艦在內的四十多艘遠征船隊進攻中國廈門、寧波，一八四二年攻陷上海、鎮江，進逼南京。

最後清朝投降，雙方簽定《南京條約》。條約內容包含開放上海等五座港口通商、賠償戰爭開支和沒收的鴉片金額六百萬美元、將香港永久割讓給英國等，對清朝而言是非常不平等的條款。

戰爭後，輸入清朝的鴉片持續增加，銀價也接連上漲，導致民不聊生。一八五一年，發生以洪秀全爲首的太平天國之亂。叛軍一度來勢洶洶，掌控了清朝東南方部分疆域；然而清朝的正規軍隊卻無力平定叛亂，最後在一八六四年時，由曾國藩和李鴻章等漢人官員所組織的義勇軍鎮壓了太平天國，而這場內戰也造成了清朝內部權力結構的動搖。

就在太平天國之亂仍進行中的一八五六年，英國聯合法國，發動亞羅號戰爭（第二次鴉片戰爭，英法聯軍），企圖擴張既有的特權。打贏清朝後，還爲了實現全球性的自由貿易，英國於一八六〇年與清朝簽訂《北京條約》，成功地將清朝納入了以英國爲首的歐洲自由貿易圈。

滿洲國的資金來源

鴉片戰爭對日本造成了很大的衝擊。日本解除鎖國後，同樣禁止國人濫用鴉片。第一次世界大戰時，以英國爲首的歐洲列強退出中國後，日本趁隙於一九三二年在中國東北扶植傀儡政權（滿洲國），前進中國。日本關東軍也取代英國，在內蒙古生產大量鴉片，開始在整個中國流通。

日本帶來了鎮痛用的嗎啡（生鴉片精製後的產品）、海洛因、古柯鹼，滿洲國的預算有二〇%以上都是靠鴉片的收入來支撐，是一筆龐大的資金來源。日本軍部的特殊工作資金，也都是透過鴉片籌措而來。可以說，日本直到一九四五年戰敗爲止，都和鴉片有既深入又廣泛的關係。

回顧日本的歷史，確實有這麼一段與毒品糾葛的過去；現在，日本漸漸成爲全球數一數二的毒品消費國，潛在的毒品成癮者也正快速增加。

曾當成商品販賣的安非他命

以目前來說，濫用藥物以甲基安非他命（甲基苯丙胺）爲最多，這是一種並不存在於自然界的化學合成物質，俗稱包括安仔、安公子、冰塊、冰糖、Speed……等等。

關於甲基安非他命，這是一八九三年時，由日本藥學家長井長義博士由麻黃鹼合成的一種衍生物——麻黃鹼是中藥「麻黃」所含的成分，可治療氣喘和咳嗽。

一九四一年，甲基安非他命以「希洛苯」（philopon）爲商品名開始在日本販售，宣稱有強健體力、消除疲勞和睡意、增進工作效率的功用。這項商品名稱來自希臘語「philóponos」（熱愛勞動），而且發售當時，對於甲基安非他命的成癮性及副作用一無所知，更別說什麼使用規範或限制了。

希洛苯（甲基安非他命）

這類中樞神經興奮劑能讓人產生強烈的欣悅感、幸福感，並讓情緒一直處在很高漲的狀態，持續約三小時到十二小時左右。在這段期間內，使用者甚至可以不眠不休、不吃不喝——但這其實是身體最需要的；換言之，這些感覺都只是藥效造成的錯覺而已。因此，當藥效消失後，使用者就會感受到嚴重憂鬱、疲勞、倦怠和焦慮。

順帶一提，直到一九四七年之後，日本才發現這些毒品的風險，於一九五〇年時納入《藥事法》的劇藥之列，並於隔年的一九五一年實施《覺醒劑取締法》，可惜爲時已晚，許多毒品早就滲透至社會中。

毒品的可怕之處，在於會造成強烈的成癮性。一旦藥效消退，使用者立刻會感受到不安和無助，渴望再度找回那種高昂的情緒，因此不斷吸食，並進一步產生幻覺、妄想等症狀。此外，吸食者不但容易出現攻擊性和暴力傾向，藥物的強烈成癮性，也很容易留下長期後遺症。

藥物濫用者多半死於急性中毒。根據推斷，除了因吸毒引發心血管功能障礙致死，也有不少人是因意外受傷或自殺而死。成癮者戒除毒癮後，即使過了五年、十年的漫長歲月，仍會突然產生幻覺或幻聽，至今依然沒有特效藥可治療成癮或因此造成的幻覺。

甲基安非他命易溶於水，是白色無味的結晶。過去多採用靜脈注射的方式攝入，近年則流行簡單又不會留下針孔的加熱吸食法（用鼻子吸取加熱後產生的煙霧），或吞服錠劑與液劑。

在昏沉中被殺的西班牙俘虜

一五一九年十一月，率領約三百名部下的西班牙軍官埃爾南・科爾特斯，入侵了阿茲特克帝國的首都特諾奇提特蘭。

軍隊的隨行神職人員詳細記錄了當時的狀況：

頌讚維齊洛波奇特利（Huitzilopochtli，阿茲特克人的戰神）的大鼓、蘆笛、喇叭、號角大作，四周響起各種令人毛骨悚然的聲音。這些聲音來自大金字塔的頂端，全裸的西班牙俘虜就在那裡，被押在惡魔的神像面前。不知道是誰在他們頭上插了羽毛，並讓他們手持扇子，跳起奇妙的舞蹈。他們無一不露出陶醉的模樣，半夢半醒似的，所有人昏昏沉沉地不停舞動。跳完舞之後，他們躺在石造祭臺上，被石匕首活活剖開胸膛、摘下撲通撲通跳動著的心臟，供奉在薰香繚繞的祭壇上。渾身浴血的屍體被一腳踢下、滾落數百階長的階梯。等在下方的原住民一擁而上，宛如屠殺牛馬般斬斷屍身的手腳、剝下臉皮、砍下首級。

——《現代的精神》卷七五・毒品

這名神職人員對這些獻祭的活人滿臉幸福、在陶然中死去的模樣感到十分震驚，在文獻中寫下這些人都服用了「惡魔的植物」：蒂娜娜卡特（teonanácatl，意為「神之肉」）和皮約特（peyote）。

「皮約特」是一種名為「烏羽玉」的仙人掌，含有生物鹼等致幻成分三甲氧苯乙胺，服用後會產生色彩斑斕的幻覺，同時也會產生嚴重噁心及其他中毒反應。在中美洲過去曾繁榮一時的文明裡，活人獻祭是普遍的祭神方式；尤其在祭祀農業之神希佩托特克（Xipe Totec）等某些神祇的儀式中，還會用石匕首剝掉活祭品全身的皮，並由神官穿著剝下來的皮跳舞。

「蒂娜娜卡特」則是裸蓋菇屬的毒菇，含有裸蓋菇素（psilocybin，賽洛西賓）及脫磷酸裸蓋菇素等會引發幻覺的生物鹼成分。裸蓋菇的種類超過兩百種，分布在全世界各地。

曾有一段時期，這類蕈菇曬乾後的製品以「迷幻蘑菇」的名稱在網路上販售。現在，含有裸蓋菇素及脫磷酸裸蓋菇素的菇類，皆歸類為毒品原料，受到嚴格管制，不論進出口、栽種、收受、轉讓、持有、使用、廣告……都屬於違法行為。

印加帝國與古柯葉、古柯鹼

目前，古柯樹在玻利維亞等南美洲部分地區可以合法栽種，做為個人嗜好品（如咖

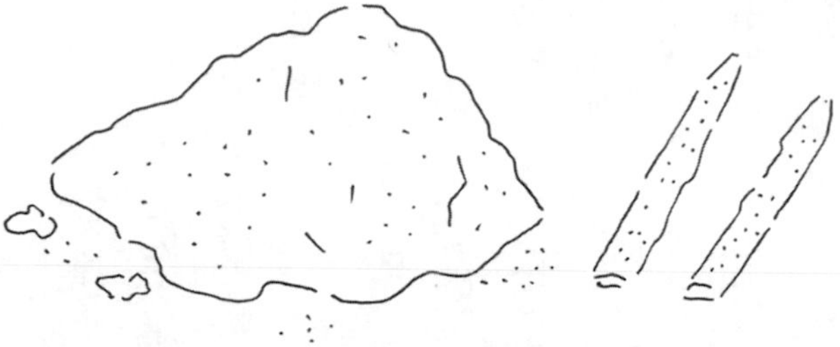

古柯鹼是提煉自古柯葉的生物鹼，為無色或白色結晶粉末。
其興奮作用和成癮性相當高，但藥效較短，容易使人不斷吸食。

啡、菸酒般純粹滿足味覺或嗅覺的用品）。

古柯鹼是從古柯葉中萃取、提煉而成的毒品。早在數千年之前，印加帝國的人們便懂得嚼食古柯葉，以抵抗飢餓感並提神。

古柯鹼現在仍被當成有效的手術用局部麻醉劑，但因爲服用後會覺得幸福、樂觀、性欲高漲，因此在美國及世界各地都已成爲廣泛遭到濫用的毒品。古柯鹼的精神成癮性很高，因濫用而導致中毒致死的案例也非常多，是公認最難戒治的毒品之一；以美國爲例，吸食古柯鹼的人年年增加，且難以緝查，已成爲堪稱「毒品戰爭」的嚴重社會問題。

生物鹼是什麼？

生物鹼是含有氮原子、天然存在的鹼性有機化合物總稱，但組成蛋白質的胺基酸和DNA的核酸並不算在裡頭。此外，除了從植物中萃取的天然生物鹼加工產物（如迷幻藥、海洛因、古柯鹼），參考天然生物鹼分子結構、以人工合成的產物（如人工合成的安非他命）也可稱為生物鹼。

根據報告，現有的生物鹼有三萬種以上，其中大多帶有強烈的生物活性（調整、影響、活化生物體內各種生理活動的性質），是重要的藥品；畢竟是藥或是毒，往往是一體兩面的事，既能做為藥，也能當做毒。

順帶一提，較為人所知的生物鹼包括尼古丁、咖啡因、古柯鹼、嗎啡等。尼古丁是香菸的主成分、咖啡和紅茶中所含的咖啡因具有提神作用、古柯樹提煉而得的古柯鹼是提神作用更強的毒品，但古柯鹼鹽酸鹽是醫療用的局部麻醉劑。至於嗎啡，雖然也是毒品，但醫療上常用來舒緩末期患者的疼痛。

此外，絕大多數迷幻植物的成分都和古柯鹼、嗎啡這些生物鹼很類似，至於大麻，

將大麻葉乾燥後切碎，捲成紙菸來吸食

那可就不一樣了：它的活性成分並不是生物鹼，而是四氫大麻酚（THC）。

大麻與大麻葉

吸食用的大麻（marijuana）和用來製作麻布袋、粗麻布的工業大麻（hemp，也稱漢麻），都是大麻科大麻屬的植物；另外還有一種麻，由於纖維十分強韌，可用於製作衣服、袋子、包包等日常用品，稱爲亞麻（flax，亞麻布的原料）。

大麻含有具麻醉性的化學成分四氫大麻酚，從很久以前便用來獲得快感，或做爲宗教和醫療方面使用。

吸食大麻常見的方式有兩種，一種是將大麻葉和花乾燥後切碎、捲成如紙菸般的大麻菸，點燃後吸食；另一種是用大麻樹脂凝固成塊狀的大麻脂，加熱後用鼻子吸取煙霧，或是混在香菸裡吸食。

在十九世紀的歐洲，大麻是處方用藥，可舒緩焦慮和催眠；但進入二十世紀後，美國政府頒布法律，全面禁止大麻，包括醫療用途在內。

至於現在，根據媒體報導，許多國家都漸漸開放大麻合法化。事實上，美國華盛頓州、科羅拉多州、加州等許多州，都已允許大麻在限定範圍內做爲個人娛樂品使用。荷蘭則根據嚴格的政府方針，將大麻等軟性藥物（soft drug，意指成癮性較低，亦無成癮後生理戒斷現象的藥物）列爲非管制對象；娛樂用途的大麻在加拿大也已合法。

你或許因此認爲大麻並不是多麼危險的藥物，但事實上，如英國、德國、法國等國家依然視大麻爲違法藥物，大多數國家對大麻的管制也都很嚴格；換言之，在國際上，大麻不合法的國家還是占多數。

THC會對大腦的海馬迴和小腦產生作用。作用當然因人而異，也會受用量和吸食方式（抽菸或口服等等）影響，但共同點是意識都會逐漸模糊、進入恍惚的狀態。吸食者的思考會變得毫無邏輯、思路非常跳躍、幾分鐘感覺就像幾個小時、近在眼前的東西看起來很遠……大量吸食時，還會產生幻覺，感到極度安心或狂喜般的亢奮，大笑不止。

吸食大麻的人獨處時會非常安靜，不過一旦身旁有人，就會變得嘮叨又活潑。根據觀察，大量服用時，甚至會產生對死亡的恐懼，人生跑馬燈不時在腦中閃現，並因爲妄想、幻覺、幻聽而感到恐懼。雖然大麻的精神依賴性不算很強，也沒有生理戒斷症狀，但長期使用還是會造成大腦功能下降，以及認知、呼吸系統和生殖功能障礙等負面影響。

而且，吸食大麻會使得精神恍惚，不但容易在駕車時發生車禍，自殺的風險也更高。在印度的旅遊導覽書中，就曾提到吸食大麻的觀光客從屋頂跳樓的意外事故。我到印度旅行時，也見識過好幾次因爲喝了加入大麻葉的拉西（優格飲料），而口吐白沫、倒地不起，或做出偏差行爲的觀光客。

菸草與人的關係

我家曾有一段時期是菸草農家，在田裡栽種菸草（茄科植物）。菸草有兩公尺高，會

菸草（茄科植物）

長出約六十公分長的互生葉（葉片交互排列）。由於它長得高、葉片又大又茂密，只要看一眼，我總是能分辨出那是菸草田。

菸草採收後，要馬上掛在乾燥室裡風乾。乾燥的菸草會先區分等級後，再決定價格。乾燥後的葉子可以做成捲菸，或菸斗和菸管用的菸絲。

乾燥的菸草約含有二%至八%的尼古丁。尼古丁是一種生物鹼，具有強烈的神經毒性。它會透過菸鹼型乙醯膽鹼受體發揮藥理作用，引起微血管收縮、血壓上升、瞳孔縮小、噁心、嘔吐、腹瀉，另外也會造成頭痛、心臟功能障礙、失眠等問題，過量吸食則會產生嘔吐、意識障礙、痙攣等症狀。

尼古丁的致死量，在嬰幼兒為十至二十

毫克，在成人則為四十到六十毫克，毒性十分強烈。尤其是嬰幼兒，萬一誤食香菸，後果不堪設想，應多加小心。

人類抽菸的起源尚不可考，不過在人類懂得用火燃燒各種植物的時候，應該就已經知道哪些植物會散發出怡人舒適的煙霧了吧。

焚香散發出的煙霧，不但能賦予人們清新感與活力，人類也相信煙霧能上達天聽，這是全世界各國都能見到的現象。焚香是宗教儀式中重要的禮儀，也是引發精神幻想作用的巫術必備的道具；此外，焚香也用於治療疾病。也就是說，可能早在人類開始抽菸之前，就已經在嗅聞焚香產生的煙霧了。

菸草在西元前就已栽種於南美洲、中美洲南部、西印度群島及北美洲密西西比河流域一帶。許多文獻都會引用馬雅文明遺址裡的一塊石雕（浮雕）圖照。馬雅文明主要是分布在墨西哥東南部、瓜地馬拉、貝里斯等地區，曾繁榮一時的文明，時間大約是從西元前三〇〇〇年到十六世紀左右。那塊石雕上刻著神祇口中叼著管狀物、管子末端還噴出煙霧的圖案，可見當時的人不但已經會使用菸草，而且連神明都非常中意。

馬雅文明崇拜太陽神；從太陽可以聯想到火，所以火和煙都是神聖之物。菸草點燃會產生煙，聞了以後會感到通體舒暢，所以馬雅人相信，菸草所散發的煙霧裡有火神，因此百般珍重。

一四九二年十月十三日，哥倫布一行人在中美洲的聖薩爾瓦多島登陸，島民接受他們贈予的玻璃珠、鏡子等物品，並以新鮮蔬菜和散發出濃郁芳香的葉子做爲回禮。這些葉子就是菸葉，島民稱之爲「tabako」。他們不只將菸草用於神聖的儀式中，也用來治療許多疾病，例如外傷、咳嗽、牙痛、梅毒、風濕、寄生蟲、發燒、打嗝、氣喘、凍瘡、扁桃腺發炎、胃病、頭痛、鼻炎等。

菸草傳入西班牙後，又傳到了葡萄牙、法國、英國，深深吸引了大眾，抽菸的習慣迅速普及。

一五五九年，駐葡萄牙里斯本的法國大使尚・尼科（Jean Nicot），向法蘭西國王法蘭索瓦二世（François II）及其母后凱薩琳・德・麥地奇（Catherine de Médicis）進獻乾燥的菸草，以做爲醫藥用途。凱薩琳非常喜歡拿菸草當成治療頭痛的藥粉，使得菸草在當時又有「王后的藥草」之稱。後來爲了紀念將菸草引進法國的尚・尼科，法國人便將菸草稱爲 **nicotiane**（即「尼古丁」一名的由來）。

香菸管制與清教徒革命

一六〇三年，蘇格蘭國王詹姆士六世（James VI）在英格蘭女王伊莉莎白一世（Elizabeth Ⅰ）逝世後，登基成爲英格蘭國王，自封爲大不列顛王國國王詹姆士一世（James I）。隔年，也就是一六〇四年，他發表了文章〈對菸草之批判〉，痛斥抽菸是野蠻人的惡習，對進口菸草課以約四十倍的高額關稅，並規定只能由政府獨占專賣權，還禁止英國國內栽種菸草。

詹姆士一世的繼任者查理一世（Charles I）同樣強化了菸草專賣權，嚴加取締抽菸行爲。國王和反對菸草取締的議會，以及支持議會的國民間的對立日漸加深，最終在一六四二年演變成清教徒革命。這場革命大獲成功，人民可以自由抽菸，抽菸的行爲也在轉眼間普及民間。希望大家能透過這件事理解，世界史並不只是因爲卓越的理想而向前推進的，背後也常常夾雜著人類的欲望。

一六六五年，鼠疫在英國大流行，當時流傳「法國的鼻菸粉可預防鼠疫」的說法，結果掀起一陣風潮。在這段時期，菸草和咖啡都是英國市民社交上不可或缺的用品。

香菸的危害

香菸的煙霧裡包含大約三千種化學物質，其中有害物質多達兩百至三百種，對人體傷害最大的是焦油、尼古丁和一氧化碳。

常抽菸而產生的成癮性，主要是來自尼古丁造成的中樞神經系統興奮（失控）。以英美兩國來說，抽菸者罹患肺癌的比例高達八〇%至九〇%。

菸草本身可能導致的疾病至少有五十種。包括癌症（肺癌、咽喉癌等）、循環系統疾病（血管收縮、心肌梗塞、狹心症、中風等）、消化系統疾病（胃潰瘍、十二指腸潰瘍、食欲低落等），還有蛀牙、牙周病、妊娠併發症、破壞維生素C、免疫功能下降、好膽固醇減少、運動效能下降、智力下降、壽命縮短，以及購買香菸造成的經濟負擔……等。

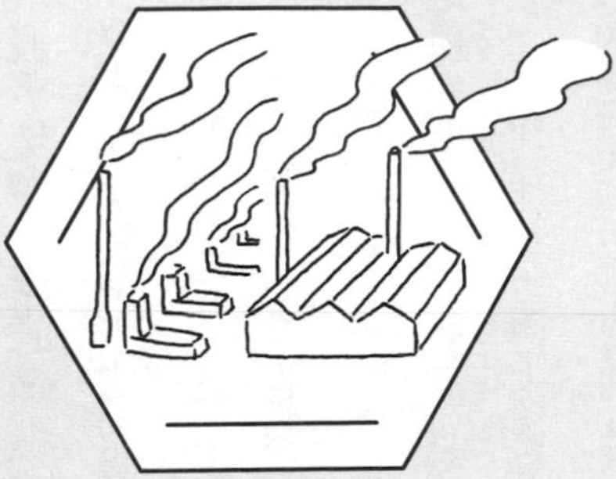

第 15 章

浮在石油上的文明

合成纖維問世

一九三八年，史上第一種合成纖維「尼龍」，隨著宣傳文案「製造原料就像煤炭、水、空氣般隨處可見；如鋼鐵般堅韌，如蜘蛛絲般優美，比任何天然纖維都更富有彈性、散發著美麗光澤的纖維」正式問世。它強韌、輕巧又有彈性，觸感如絲綢，不但耐磨耗，又抗化學藥品，不易吸水，清洗後可以快速晾乾。

關於「尼龍」（nylon）一名的由來，最可信的說法是來自「no run」（不跑→不脫線）的諧音。尼龍因製成不易脫線的女用絲襪而聞名，也取代了在這之前最普遍的絲製襪子，頓時成爲熱門商品。附帶一提，現在的美國女性會直接稱絲襪爲「尼龍」。

尼龍的發明人，是美國杜邦公司的有機化學研究主管華萊士·卡羅瑟斯（Wallace Carothers）。杜邦公司爲了挽救美國落後的化工業，非常重視基礎研究（簡單來說，基礎研究是無法立刻商品化的研究，目的在於探究眞理），招攬了許多優秀的年輕化學家，卡羅瑟斯就是其中一人。當時擔任哈佛大學有機化學講師的他，在一九二八年、年僅三十二歲時，即出任杜邦公司有機化學研究主管。

卡羅瑟斯的基礎研究主要以盡可能製造出大分子（高分子）為主。他動員整個研究團隊，要求他們能找到多少「低分子量，且有可能多數結合（聚合）成高分子的物質」，就盡量聚合多少。

一九三〇年，卡羅瑟斯團隊裡的另一名研究者朱利安．希爾（Julian Hill）合成了聚酯（polyester），它具有不輸給棉的強韌度，但不耐熱也不耐水，所以未能實用化。不過到了現在，聚酯不但有很多種類，也擁有很出色的性質。

後來，杜邦公司的化學部部長波頓（Elmer Bolton）非常關心研究的進展，要求卡羅瑟斯的研究團隊研發出具有商業價值的合成纖維。雖然卡羅瑟斯提出抗議，表示自己是為了做基礎研究，才答應進杜邦公司，但後來還是屈服了。

接下來，卡羅瑟斯的團隊隨機嘗試了數百種組合。不放過任何可能性的結果，由己二胺和己二酸合成的「尼龍」（尼龍66。兩個「6」意指己二胺和己二酸各自所含的六個碳原子）終於誕生。

尼龍的工業化生產，是在杜邦公司集全體員

工之力進行的，直到一九三九年尼龍工廠終於開始大量生產為止，這段期間所費的苦心，絲毫不亞於發現尼龍所費的心力。其中一個難關，就是要合成聚合度高的分子（高分子）；聚合度太低，纖維的強度就無法達到標準。

此外，尼龍的發明人卡羅瑟斯，在杜邦公司準備將尼龍這項新材料公諸於世前的一九三七年，因不明原因服下氰化鉀自殺身亡；自殺的兩天前，他才剛過完四十一歲生日。他從學生時代便飽受憂鬱症所苦，「我是個失敗者」的念頭早在他死亡前數年，便已深深困擾著他。

尼龍種類繁多，目前大量生產的主要有尼龍66和尼龍6（也稱為聚己內醯胺）。

不過尼龍的出現，對養蠶業高度發達的國家來說，卻帶來了很大的衝擊。以日本為例，還曾成立高等蠶絲學校之類的專業學校，努力發展相關技術，讓日本得以成為蠶絲王國，全世界有超過一半的絲綢都來自日本。而且當時日本生絲最大的客戶就是美國，如果因為尼龍的問世，導致原本的客戶不願再購買生絲，那麼對數十萬名紡織業者，以及靠養蠶維生的兩百萬戶農家來說，不啻是嚴重的打擊——事實上，由於尼龍的出現，尤其是絲襪改為尼龍製之後，日本的生絲產業確實受到了相當大的影響，稱之為「尼龍衝擊」。

聚酯、尼龍、壓克力

後來，科學家又陸續製造出其他合成纖維。聚酯、尼龍、壓克力（聚丙烯腈）被稱爲「三大合成纖維」，它們的全球生產量，占所有合成纖維高達九八％，聚酯更是占了全體的八成以上。

聚酯擁有類似羊毛的觸感，有出色的耐熱性、耐磨耗性；耐洗滌，也耐化學藥品。由於它幾乎不吸水，所以清洗後很快就會變乾，可以直接穿著。將聚酯塑形後加熱，就能輕易固定形狀，可事先做出褶紋或褶痕（永久褶型加工）。

將呈直鏈形的高分子紡成纖維，就成了聚酯纖維；將分子隨機塑造成立體形狀，就成了塑膠（合成樹脂）。事實上，聚酯纖維和寶特瓶（PET）的原料是同一種化合物。PET是聚對苯二甲酸乙二酯（polyethylene terephthalate）的簡稱，它也是聚酯的一種。

因此，若想重複利用寶特瓶，其實只要將寶特瓶粉碎後加熱，再織成纖維狀的聚酯纖維，就能製成襯衫等衣物了。

吸水性最好的合成纖維

京都大學的櫻田一郎教授帶領的研究團隊，從一九三七年開始投入合成纖維的研究；兩年後，杜邦公司推出尼龍，令他們大感震驚。櫻田教授後來取得長三公分、重〇．三毫克的尼龍，透過分析了解它的性能和組成後，便將目標轉向開發日本獨創的合成纖維。

他選擇了分子中含有最多羥基（-OH）的聚乙烯醇（PVA）。事實上，德國已經先發現了聚乙烯醇纖維，但這種纖維可溶於水，無法製成衣物，於是櫻田教授等人先設法做出不溶於水的纖維：讓親水性的羥基和甲醛（HCHO）產生反應、抓住羥基，研發出「合成一號」（後來改稱「合成一號A」）。

他在一九三九年發表這項研究後，報紙便大張旗鼓宣傳「日本尼龍問世」，但這種纖維的缺點是在熱水中會縮水。經過改良，一九四〇年，耐熱也耐水的「合成一號B」問世。之後又經歷多次改良，直到一九四八年，才正式命名為「維尼綸」（vinylon，或稱維綸），成為日本合成的第一種合成纖維。

一九五〇年十一月，倉敷嫘縈公司（現在的可樂麗株式會社）領先全球，首度實現合成纖維的工業化生產（於岡山工廠）。維尼綸是合成纖維中親水性最佳的（標準狀態下，含水率爲三%～五%），具有高強度，耐候性（照射紫外線也不易受損）佳，耐酸鹼性也都很強。一九六〇年代，維尼綸製的學生制服大受歡迎，從此廣爲一般大眾所知。

現在，已分別依強度、彈性、親水性、耐化學藥品性、耐候性等各種特性發展出不同領域的維尼綸產品，用於製造帆布、繩索、農業用網布、海苔養殖網等農漁業資材，以及各種基底布、特殊衣料（如消防服、工作服等）和工業資材等等。

纖維的分類

我們的日常生活需要各式各樣的衣料。五花八門的布匹是用經紗和緯紗編織而成的，紗則是由長鏈形分子所組成的纖維聚合而成。

纖維又分爲天然纖維和化學纖維。天然纖維包含棉、麻等植物纖維，以及羊毛、蠶絲等動物纖維；化學纖維依據原料不同，分成纖維素經化學處理後製成的再生纖維和半

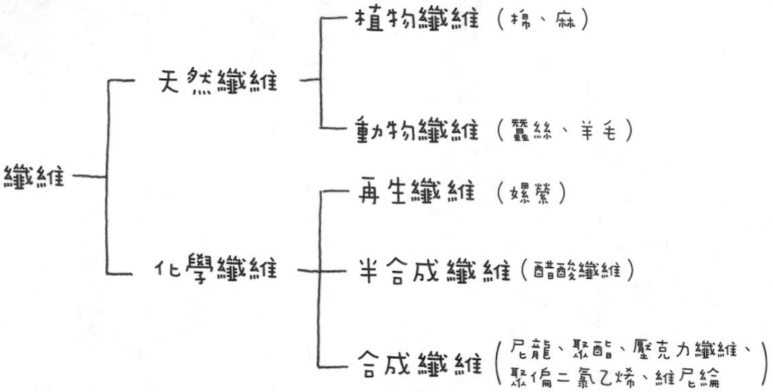

纖維的分類

合成纖維，以及用石油等原料合成的合成纖維。

人類與天然纖維

會穿衣服的生物只有人類，不過這到底是從何時開始的習慣，根本無從得知。儘管漫畫和電影裡登場的原始人類通常都裹著毛皮，但實際上沒有人知道事實是否眞是如此。也許早在智人時代初期，人類就已懂得在身上包覆樹葉或毛皮來保護身體吧。一般認爲，人類是在發明骨針後，才開始在毛皮上縫製袖子，並從植物或羊毛中取出纖維、手工織成布料。

事實上，瑞士某座湖畔有一處石器時代的古代人類遺址，在那裡發現了使用亞麻纖維的痕跡；而在中國的西安，一處新石器時代遺址出土的陶器上，就留著織布的痕跡。

具有重大歷史意義的天然纖維，包括亞麻、棉、蠶絲和羊毛。會使用亞麻，是因爲靠近莖部表皮處的韌皮纖維特別長，而且不論在乾燥或潮濕狀態下都十分堅韌。亞麻屬於親水性纖維，透氣性佳，容易清洗，也能保暖，常做爲各類型衣料纖維使用。這種纖維的成分是纖維素，具有強度、美觀又耐久，品質優異。

在埃及所發現距今四千年前的木乃伊，就包裹著亞麻布；而西元前二七〇〇年的埃及壁畫上，也描繪了採收亞麻的情景。直到工業革命使棉花成爲主流纖維之前，亞麻一直是歐洲最廣泛使用的織品纖維，從內衣褲、床單到枕套，全都是亞麻製的。現在，用亞麻織成的亞麻布，是品質比棉更好的高級品。

採摘綿花屬植物的果實後，可以發現裡面有蓬鬆的純白色種子纖維，將種子和棉纖維分離後，就是人們所熟知的棉花了。這種纖維的成分和亞麻一樣，都是纖維素。

現在已知最早栽培棉花的證據，大約是在八千年前的墨西哥，約七千年前的印加文明也有栽種棉花的痕跡。南美洲的秘魯從西元前一五〇〇年左右就已開始使用棉花；而到了十八至十九世紀，世界各地都開始栽種了，十八世紀中葉的美國南方還有「棉花王

棉花、綿羊（羊毛）、家蠶（絲綢）

國」之稱。但栽種棉花需要大量勞力，十九世紀的美國南方之所以能成爲全球最大的棉花產地，背後其實是靠黑人奴隸的血汗勞動支撐的，而誠如大家所知，奴隸制度甚至還引發了南北戰爭。

唯一家畜化的昆蟲就是家蠶。家蠶是蠶蛾的幼蟲，原種爲野家蠶。野家蠶經過改良、家畜化，培育成可結出較大的繭和吐出高品質生絲的家蠶。生絲加工後再製成的織物就是絲綢，其成分爲蛋白質，主成分則爲絲蛋白。

中國生產的絲綢大約在五世紀左右傳到希臘和羅馬。五五二年，拜占庭帝國皇帝查士丁尼一世（Justinianus I）與兩名波斯傳教士簽下契約，要他們帶回蠶卵紙（附著蠶卵的紙），並種植餵食用的桑葉。當他們成功培育出家蠶後，君士坦丁堡因此成爲培育家蠶的中心，養蠶業也就此傳遍整個歐洲。

羊毛至今仍是主要的動物纖維。羊毛的成分同樣是蛋白質，主成分爲角蛋白。羊毛原產地是中亞，不過在兩千多年前，西班牙就已開始飼養美麗諾綿羊，而繼歐洲之後，澳洲和南非的殖民地也發展出牧羊業。

過去曾發生「羊吃人」（比喻畜牧業侵占農業）現象的英國，在十四世紀後半到十五世紀的「圈地運動」中，綿羊牧場以驚人的氣勢侵占農民的耕地，連森林原野都開闢成牧場，儼然形成一股綿羊風暴。「圈地運動」使羊毛生產的規模大幅擴張，毛織品產業一躍成爲國民產業。十六世紀後半，在都鐸王朝女王伊莉莎白一世的君主專制下，毛織品產業得到嚴密的保護。然而在工業革命的大明星「棉」出現後，便奪走了羊毛的主角寶座。

現在，羊毛的主要產地之所以是澳洲、美國、南美阿根廷等地，是因爲歐洲人爲了開拓新大陸，而率先引進羊群的緣故。

了不起的再生纖維

亞麻和棉纖維的主要成分纖維素，是由大約一萬個葡萄糖以鎖鏈狀連結而成的天然高分子。除了衣物，以纖維素構成的日常用品還有紙張。一般來說，細長的纖維品質較好，因此從十九世紀末開始，化學家便以纖維素爲基礎進行研發，想做出更長的纖維。

纖維素經化學處理成溶液後，就能延展成更長的再生纖維。這種再生纖維稱爲「嫘縈」，最早稱爲「人造絲」，因爲它擁有絲綢般的光澤和觸感，而且可以下水清洗。嫘縈又分爲黏液嫘縈（viscose）和銅氨嫘縈（cupro），質感不同於合成纖維，有傑出的耐候性和吸水性，用途十分廣泛。

低分子與高分子

纖維是由巨大的分子——也就是高分子所構成。亞麻和棉纖維的主要成分纖維素也

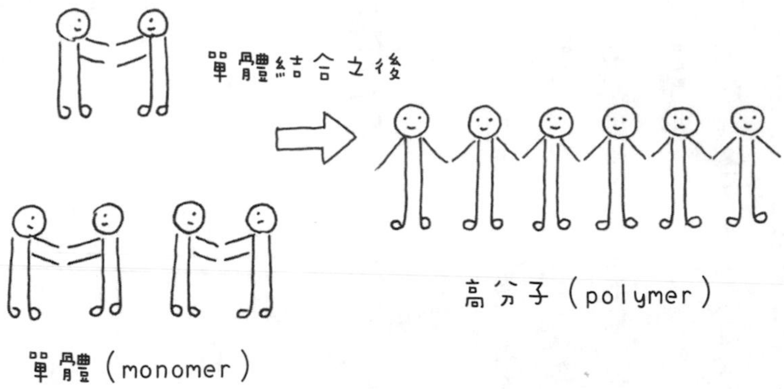

單體（monomer）與高分子（polymer）

是高分子，因此在這裡趁機稍微說明一下高分子的知識。

充斥在我們身邊的水、氧氣、二氧化碳都是由分子構成；蛋白質和澱粉也是由分子構成，但它們的個頭就比水要大上許多。組成水的小分子稱爲「低分子」，組成蛋白質和澱粉的巨大分子則稱爲「高分子」。一言以蔽之，高分子是由數千個原子連結而成的巨大分子。

一般而言，低分子和高分子是以分子量的大小來區分。把組成該分子的所有原子量（例如氫原子是一、氧原子是十六）相加之後，就能得到分子量；例如水（H_2O）的分子量爲十八，而高分子的分子量大致上都會超過一萬。

順便一提，高分子包含了纖維素等纖維、塑膠、橡膠，以及蛋白質、DNA等有機高分子，還有水晶（石英）、玻璃等無機高分子。大多數高分子都是由許多原子連結成鎖鏈狀，以相當於一個個金屬圈的結構單元存在。組成這個結構單元的小分子稱為單體（monomer），許多單體集合成的高分子則稱為聚合物（polymer）；將許多單體結合在一起、變成聚合物的反應就是「聚合」。

什麼是塑膠？

我們的生活周遭充斥著塑膠（合成樹脂）。舉凡電視、電腦、電話的機體外殼，還有文具、餐具、包裝材料……許多物品都是由塑膠所製成。

塑膠具有輕巧、不易腐蝕、可量產、便宜、不易導電導熱等性質，加熱加壓後還可以任意塑形。

塑膠對各種產業而言都是非常實用的材料，因為它可以根據用途，隨心所欲地進行設計和製造。依塑膠對熱的性質差異，可分為熱塑性塑膠和熱固性塑膠：加熱後會變軟，冷卻後會變硬的稱為「熱塑性塑膠」；至於加熱前很軟，一旦加熱後就無法再變形的稱為「熱固性塑膠」。

目前生產的塑膠絕大多數都是熱塑性塑膠，產品以薄膜和膠片為主，也能製成容器、機械器具零件、管子、聯軸器、發泡製品、日用品和雜貨、建材等物品，可說是琳瑯滿目。此外，只要加入不同的助劑（如塑化劑、著色劑、防氧化劑、潤滑劑、抗靜電劑等），能製造出的產品性質就更廣泛了。

代替象牙的賽璐珞

最早的塑膠合成產物是硬膠。硬膠是在天然橡膠中混入約三〇%至五〇%的硫磺粉，攪拌均勻後，倒入模型內加熱硬化製成，過去曾經用來製造鋼筆的筆身和菸管。

一八六八年，美國研發出賽璐珞，當初是為了代替象牙製撞球而問世的材料。它是從天然物質加工而成的產品，算是半合成塑膠。

這一切始於一位名叫約翰·韋斯利·海厄特（John Wesley Hyatt）的印刷工人，他在紐約的阿伯尼偶然看見一張布告，上面寫著「凡是發明撞球替代品的人，獎金一萬美元」。海厄特最後挑戰成功，他命名為賽璐珞的產品奪得了獎金，並於一八七二年註冊為商標。

實際上，海厄特並非靠一己之力研發出賽璐珞，而是向英國伯明罕一位名叫亞歷山大・帕克斯（Alexander Parkes）的自然科學教授購買專利後生產。一八五〇年左右，帕克斯在硝化纖維中混入樟腦，做出了堅硬卻有彈性的透明物質。他和製造業者合作將這種物質做成輕薄的透明膠片，但市場對此沒有需求，所以他才高高興興賣掉了專利。

一八七一年起，海厄特開始把獎金投入撞球生產，在那之後，他發現賽璐珞簡直無所不能。到了一八九〇年，賽璐珞已製成了各式各樣的商品，做為日用品和工業產品，紅遍全美各地。

到了一八八九年，美國發明家喬治・伊士曼（George Eastman）首度在柯達公司使用賽璐珞底片；發明家愛迪生也用賽璐珞製成的電影膠卷。用賽璐珞來製作的日常用品包括：鉛筆盒、墊板、膠卷底片、梳子、眼鏡鏡框、桌球……

賽璐珞的原料包含了可製成火棉的硝化纖維，因此易燃性高。我還記得自己小時候，曾把賽璐珞碎屑塞滿整個鋁製的鉛筆套，當做火箭一樣玩，點火後發射出去。

和木材完全無關的電木

人類眞正成功用植物以外的原料製成人工合成塑膠，而不是賽璐珞那樣的半合成塑膠，是二十世紀以後的事。

一八七二年，德國化學家阿道夫．馮．拜爾研究苯酚和甲醛的反應時，製造出樹脂狀的物質。三十年後的一九〇二年，原本在德國研究電化學的比利時裔化學家利奧．貝克蘭（Leo Baekeland），回到位於紐約郊外揚克斯的研究所後，召集了所有助手，開始檢驗拜爾的實驗結果。順道一提，貝克蘭是維洛克斯（Velox）相紙（可用人工光線顯影，不必依賴陽光的相紙）的發明人，他在一八九九年將研究成果以七十五萬美元賣給柯達公司，並用這筆資金在美國成立了研究所。

拜爾的目標是合成出可以代替賽璐珞和橡膠的樹脂。因爲賽璐珞在高溫或低溫下使用會產生缺陷；橡膠製造的平底鍋柄、烤麵包機和熨斗的電線插頭也會因高溫而龜裂。

但事情並沒有這麼簡單。在拜爾之後，許多化學家都失敗了，唯有貝克蘭成功克服了困難。他以少量的鹼做爲觸媒，在高溫、高壓下讓苯酚和甲醛產生反應，成功合成遇熱會硬化的塑膠，並且在一九〇九年取得專利。他在一九一〇年成立了美國通用電木公司，開始進行酚醛樹脂的工業化生產。

最早正式問世的人工合成塑膠「酚醛樹脂」不但非常堅硬、耐熱也耐酸蝕，是不易通電的絕緣體，用於製造廚房鍋具和平底鍋的握把、電線插頭、收音機的刻度盤等零件，大受歡迎。現在它也用於製造燈泡插座、安裝電子零件的電路板等等。

什麼是四大塑膠？

貝克蘭帶動了新的塑膠研究潮流。**現在產量最高的塑膠依序是聚乙烯、聚丙烯、聚氯乙烯和聚苯乙烯，統稱爲「四大塑膠」**。

除了四大塑膠之外，還生產出了尿素甲醛樹脂、酚醛樹脂、聚氨酯、醇酸樹脂、美耐皿（三聚氰胺—甲醛樹脂）、氟化樹脂等各式各樣的塑膠，各有不同用途。這些塑膠的原料大多是從天然氣和原油分餾出來的石油腦（粗製汽油）中所含的烴類。因此，在有豐富天然氣資源的美國，石油公司才會與塑膠工業合作研發和製造新產品。

在第二次世界大戰中，塑膠做爲飛機、雷達等電波武器的材料，以及橡膠的替代品，獲得迅速發展的機會；到了戰後，則化身爲生活中的各式日用品。

一九三九年，英國奠定了合成聚乙烯的技術——用高溫和一千個標準大氣壓以上的高壓進行聚合，而用這種方法製造的聚乙烯就稱爲「高壓聚乙烯」。一九五三年，開始採用齊格勒觸媒（Ziegler catalyst，由三乙基鋁和四氯化鈦組成）後，就可以用接近常溫的溫度和只有幾個氣壓的低壓來聚合乙烯。用這種方法製造的聚乙烯稱爲「低壓聚乙烯」。

低壓聚乙烯不像高壓聚乙烯，具備的是不分支的高分子結構（直鏈形結構），密度和硬度都很高，也適合塑形。由於兩種塑膠的密度不同，所以**高壓聚乙烯又稱爲低密度聚乙烯（LDPE），低壓聚乙烯又稱爲高密度聚乙烯**（HDPE）。

LDPE的結晶度低、密度低，可以呈現透明柔軟的質感，多用於製造塑膠袋和膠片。

另一方面，HDPE的結晶度高、密度高，呈現的是略顯半透明且堅硬的質感，多用於製造輕巧的硬質容器。用途包括食品容器、瓶子、塑膠桶、燈油罐、箱子、菸斗等，以及塑膠袋、垃圾袋、購物袋、包材、淋膜紙所用的薄膜、垃圾桶、蓋子、管線等。

一九五四年，丙烯的聚合開始採用納塔觸媒（Natta catalyst，三乙基鋁和三氯化鈦）合成聚丙烯。聚丙烯是一種更輕巧的塑膠，適合加工，所以也能用來製造管線和容器。

聚氯乙烯是在一九二七年，由美國聯合碳化物公司開始進行工業化生產。聚氯乙烯的單體，是將乙烯中的一個氫原子替換成氯的產物。它不易燃燒、耐久性佳，也很耐油和化學藥品，可用於製造各種管線（聚氯乙烯管）、電線被覆層等建築相關材料，和農業用塑膠布等各種物品。它在常溫下質地堅硬，但添加塑化劑後就會變軟，可以任意調整硬度、塑造成多種形狀。

聚苯乙烯是一九三〇年時在德國開始進行工業化生產。苯乙烯是將乙烯中的一個氫原子替換成苯環的產物。由於苯環的性質十分穩定，所以聚苯乙烯的質地較硬，多用於製造容器和緩衝材料。

發泡聚苯乙烯（保麗龍）是在聚苯乙烯裡添加發泡劑（氣態丁烷和正戊烷等）、並使其硬化的產物。產生於內部的氣泡造成許多細微的縫隙，所以重量輕，也有很好的隔熱性，還能耐衝擊和防水。發泡聚苯乙烯價格便宜，容易塑形，廣泛用於製造食品包裝盤、泡麵碗、海鮮保冷容器、建築用隔熱材、包裝用緩衝材等等。

紙尿布裡的白色粉末？

在機械裝置等領域中，稱用來代替金屬的塑膠材料爲「工程塑膠」。一九六〇年代，美國開始使用聚醯亞胺樹脂做爲鐵的替代材料，後來也開發出各種高強度、高耐熱性和耐磨擦的工程塑膠。

工程塑膠能在較嚴苛的環境下使用，因此常用於機械零件、電子零件等講求可靠度的產品，尤其是聚碳酸酯、聚醯胺、聚縮醛、變性聚苯醚、聚對苯二甲酸丁二酯這五種，又稱爲五大工程塑膠；而耐熱溫度在攝氏一五〇度以上、可長時間在高溫環境下使用的，稱爲超級工程塑膠。

具備這些性能的塑膠，會依各自的電性、力學性、光學性、生物適應性、生物分解性、選擇透性（只允許某些物質通過的特性）、吸收性等各種功能來進行分子設計。

舉例來說，能發揮吸水性的典型產品就是紙尿布。剪開未使用的紙尿布，會發現裡面有白色的粉末；如果我們將〇．五公克的白色粉末放進一〇〇毫升的水裡，這些水馬上就會凝固成膠凍狀。這種白色粉末就是高吸水性高分子，可吸收數百倍質量的水。

直到海枯石爛——塑膠垃圾問題

塑膠的確非常實用，但它的優點即是缺點，其韌性和強度正是衍生出使用後各種問題的原因所在。

自然界很少有微生物可以分解塑膠，所以塑膠會一直留存下來。由於許多塑膠垃圾的體積很大，非常占位子，因此成爲掩埋場空間嚴重不足的元凶。此外，四散在自然環境中的塑膠產品，大多都無法回收，例如纏在水鳥腳上的魚線、堆積在海龜等海洋生物體內的塑膠袋和塑膠微粒（因水流或紫外線照射而粉碎、顆粒直徑在〇・五公分以下的塑膠）等，不但嚴重威脅野生動物的性命，也會傷害環境。

因此，化學家進一步研發出「生物可分解塑膠」。這種塑膠的使用方式和一般的塑膠並沒有不同，但生物可分解塑膠能在自然界的微生物作用下，逐步分解成水和二氧化碳。其中一種材料就是「聚乳酸」，這是由發酵後的乳酸聚合而成的產物，性質和聚苯乙烯與ＰＥＴ很相似，在一般的使用環境下並不容易分解。一張Ａ４大小的聚乳酸膜，只要大約十顆玉米粒就能製成，但目前價格偏高，而且進行生物分解的條件之一，是攝氏五〇度以上的環境；換言之，很難在海洋等較低溫環境中分解，這是它最大的缺點。

今後，便宜又能大量生產和使用的塑膠必須徹底減少，也需要更進一步尋求研發生物可分解塑膠的方法。

第 16 章

夢幻物質的黑暗面

當春天一片死寂

美國內陸有座小鎮，鎮上有豐饒的大自然，那裡所有的生命一向與自然和諧共存。但是從某一天開始，家畜和人類陸續病死了。原野、森林、沼澤——全都了無聲息，簡直就像惡火肆虐過，連小河裡的生命也不見蹤影。

導雨槽和屋瓦的縫隙中，隱約可見細小的白色顆粒。從幾個星期前，這白色顆粒就像雪花般降落在屋頂、庭園、原野、小河上。

這個世界病了——再也聽不見新生命誕生的聲音。但這裡並沒有人施展法術，也沒有敵人來襲，一切都是人類自己闖下的禍。當然不可能眞的有這樣的小鎮存在，只是每個地方或多或少，都發生過類似的現象。

這些災厄何時會成眞、向我們直撲而來？總有一天我們會明白。然而，爲何會發生這樣的事？

這是美國海洋生物學家瑞秋・卡森（Rachel Carson）在一九六二年出版的著作《寂靜的

春天》第一章〈明日寓言〉的摘要。

在這本經典著作中，她針對大量合成藥劑（主要是農藥）濫用的問題提出警告。這「細小的白色顆粒」指的就是ＤＤＴ（有機氯殺蟲劑「雙對氯苯基三氯乙烷」的簡稱）。

什麼是ＤＤＴ？

早在一八七四年，化學家就已合成出ＤＤＴ了，但還沒有發現其殺蟲的特性。瑞士化學家保羅・赫爾曼・穆勒（Paul Hermann Müller）在正值第二次世界大戰期間的一九三九年，發現ＤＤＴ是強效殺蟲劑。他當初的想法是：蟲不吃下藥劑就不會死，這樣的除蟲效果太差了。有沒有可能做出讓蟲一接觸就會麻痺的毒藥（經皮毒）呢？於是他開始著手調查天然物質和合成物質，最後發現具有經皮毒、且經得起日曬的強力殺蟲劑ＤＤＴ。

穆勒將ＤＤＴ噴灑在遭到獨角仙幼蟲肆虐的馬鈴薯田，結果幼蟲立刻掉落地面，隔天便全部死光了。

不論是蚊子、蒼蠅、蝨子、溫帶臭蟲、蚜蟲、跳蚤……ＤＤＴ都能發揮強大的殺蟲效果，而且價格低廉，世界各地都廣泛使用。

當時正是第二次世界大戰期間，而戰爭必定會造成環境髒亂。由於了解ＤＤＴ的高效殺蟲效果有助於避免傳染病發生、維護士兵健康，於是英美兩國都在一九四三年左右，開始進行ＤＤＴ的工業化生產，並成功殺滅瘧疾和斑疹傷寒的病媒蚊與蝨子，大幅減少患者。

二戰結束後，ＤＤＴ仍在世界各國肩負著殺滅病媒昆蟲的任務。例如在那不勒斯和日本，ＤＤＴ都成功地阻止了斑疹傷寒的疫情爆發，並使瘧疾和霍亂等傳染病的發病率急速下降。穆勒則因爲發現ＤＤＴ的殺蟲效果，在一九四八年榮獲諾貝爾生理醫學獎，以獎勵他對撲滅傳染病的貢獻。

對生態系統的不良影響

DDT不但便宜，又有很強的殺蟲力，最初被視為「夢幻藥劑」大量使用，幫助增加糧食生產和撲滅傳染病。從開始使用DDT的三十年內，推測已有超過三百萬噸的DDT遍布全世界，足以將整個地球表面覆蓋上一層雪白。

但卡森指出，DDT之類的有機氯殺蟲劑會長期殘留在環境中、破壞生態系統。**這些殺蟲劑屬於脂溶性，是非常穩定的物質，會保存在動物脂肪裡，透過浮游生物↓魚↓鳥的食物鏈，慢慢濃縮在生物體內**（生物濃縮作用）。

卡森舉了一個實例。當美國加州的明湖出現大量黑蠅時，為驅蠅而噴灑的DDD（2,2-雙對氯苯基-1,1-二氯乙烷，是和 DDT 很類似的有機氯殺蟲劑）經過生物濃縮作用後，在小鸊鷉（一種會潛水捕魚的鳥）體內的DDD濃度是環境中的一七．九萬倍，引發大量死亡。

《寂靜的春天》出版後，美國做出了什麼反應？就結論來說，凡是書中有負面描寫的DDT、DDD、阿特靈、地特靈等殺蟲劑，都受到法規禁用或有嚴格的使用限制。

一九七二年，美國為了保護環境而限制民眾使用DDT；到了一九八三年，美國有機氯農藥的產量已降到以往的三分之一以下（與一九六二年相比），產業界的目標則是製造不會長期殘留、累積在生物體內的農藥。到了一九八〇年代，所有先進國家都已禁用DDT。

殺人最多的傳染病

瘧疾是當今世界三大傳染病（另外兩種是愛滋病與肺結核）之一，對公共衛生造成嚴重威脅。根據統計，這三種傳染病每年都會奪走約二五〇萬條人命，其中又以瘧疾最為猖獗，每年因此死亡的人數高達數十萬人，且有九三%都集中在熱帶瘧疾好發的非洲撒哈拉沙漠以南地區，還幾乎都是未滿五歲的幼兒。

除此之外，瘧疾也在亞洲、南太平洋各國、中南美洲等地肆虐。二〇〇二年在瑞士成立的「全球基金」（The Global Fund），是為中低收入國家提供疾病控制資金的機構。根據該基金官方網站資料，二〇一七年有超過二・一九億人感染瘧疾，約四三・五萬人因此死亡。

瘧疾恐怕是殺死最多人類的傳染病；換言之，拯救最多人命的藥劑，應該就是能撲滅瘧蚊的DDT。據推測，DDT所拯救的人命多達五千萬至一億人。

沒想到，後來卻出現了對DDT產生抗藥性的瘧蚊，從結果來看，也可說是「殺不死牠的，反而使牠更強壯」。如同前面提到的抗生素，新的農藥和殺蟲劑問世後，很快就會出現具備抗藥性的昆蟲。直到今天，這依舊是個無法解決的難題。

用什麼取代DDT？

但事實上，現在並沒有能取代DDT的藥劑。DDT的防治效果高、對人畜的毒性低，而且又便宜，實用性非常強。因此世界衛生組織在二〇〇六年時發表聲明，認爲若開發中國家發生瘧疾的風險高於使用DDT風險，應有限度開放使用DDT，以防治瘧疾，並鼓勵「朝室內牆壁噴灑少量DDT」的使用方式。

如果採用這種方法，就不必擔心DDT散播在空氣中，可有效殺死瘧蚊、控制瘧疾疫情蔓延。不過這種方法對具有DDT抗藥性的瘧蚊是否有效，目前仍是個疑問。卡森之所以對人們大量使用DDT的行爲提出警告，其中一個理由就是「應禁用於農藥或瘧疾防治以外的目的，以延緩瘧蚊對DDT產生抗藥性的時間」。

先進國家得以撲滅瘧疾的原因有很多，例如改善公共衛生和住家環境、減少潮濕地區的居住人口、加強低窪地區的排水、廣設販售瘧疾藥物的地點等，最後一步才是噴灑DDT，在瘧蚊產生抗藥性之前就全數撲滅。

現在，瘧疾肆虐的地區大多出現了具有DDT抗藥性的瘧蚊。濕地的居住人口變多，導致生態系統改變，能捕食瘧蚊及其幼蟲的物種逐漸減少；再加上戰爭和公共衛生環境不佳，對瘧疾藥物產生抗藥性的瘧原蟲也逐漸增加。

若說造成瘧疾蔓延最主要的因素是貧窮和戰爭，那麼如何建立一個沒有貧窮和戰爭的世界，或許才是最重要的事。

為物品保冷

長久以來，人類一直都是用冰塊冷卻物品。固體的冰融化成液體的水時，需要吸收熱能（稱爲熔化熱），這就是冰可以冷卻物體的原理。裝進素陶壺裡的液態水會變涼，是因爲從壺中滲出的水蒸發時，會從周圍的物質身上奪走熱能（稱爲汽化熱）。

假設有項物質能在常溫下汽化，而汽化後的氣體可輕易壓縮成液體。如果能不斷重複「液體蒸發時從周圍吸收汽化熱，生成的氣體經壓縮後又恢復成液體」這個循環的話，物體就可以冷卻。這個循環的重點，就在於「是否有這種物質」。

這種物質，就是「冷媒」。十九世紀中葉，以乙醚做爲冷媒的冷凍設備問世，後來又製造出以氨爲冷媒的冷凍設備；氯甲烷和二氧化硫也都可做爲冷媒。

搭載了冷凍設備的船（冷凍船）是在一八七〇年由法國人發明的，一八八〇年在英國實用化，可從距離歐洲非常遙遠的澳洲、紐西蘭、南美洲載運牛肉和羊肉過來。

除了提供漁業使用之外，家用冰箱的需求也越來越高。最早的家用電冰箱問世於一九一八年的美國，當時所採用的冷媒爲二氧化硫。

氟氯碳化物的時代來臨

雖然乙醚和氨都具有冷媒的性質，但缺點是很容易分解，而且具可燃性、有毒，會散發刺鼻的氣味。因此，美國機械工程師托馬斯·米基利（Thomas Midgley）和阿爾伯特·萊昂·亨納（Albert Leon Henne）開始尋找符合冷媒條件的物質。雖然他們沒能從已知的物質中找到答案，但發現了另一個可能性，就是含氟的有機化合物。

兩人試著把甲烷（有一個碳原子）和乙烷（有兩個碳原子）中的幾個氫原子替換成氟或氯，想合成新的物質，並在一九二八年合成二氟二氯甲烷——氟氯碳化物（CFCs，指由碳、氟和氯組成的化合物）的一種。後來美國杜邦公司以「氟利昂」（Freon）爲名註冊。

氟氯碳化物完全符合冷媒「氣體壓縮後容易形成液體」和「液體汽化成氣體時會帶走大量熱能」的條件。而且它十分穩定，不可燃，也沒有毒性，生產成本又低，而且幾乎沒有味道。

一九三〇年，米基利在美國化學學會浮誇地展示氟氯碳化物的特性，爲這種新登場的冷媒營造出高安全性的形象。首先，他在空的容器裡注入氟氯碳化物，等冷媒沸騰後，他直接把臉伸進蒸氣裡，張嘴吸了一大口，然後朝著事先點燃的蠟燭慢慢吐氣——燭火熄滅了，展現出氟氯碳化物的不可燃和無毒性。

爲了當做冰箱的理想冷媒而研發的氟氯碳化物，自一九三〇年開始生產；搭載這種新冷媒的冰箱問世後，迅速在先進國家普及，氟氯碳化物的用量也大幅攀升。到了一九五〇年代，冰箱已是先進國家標準的家用電器配備。

電冰箱改變了人類的生活型態。我們再也不必每天購買生鮮食品，不但可以安全儲藏容易腐敗的食物、事先把飯菜做好後保存起來，也能使用冷凍食品。

氟氯碳化物大量生產後，人們不只拿它用來冷卻食品，也開始冷卻空氣。有了冷氣機，熱帶和亞熱帶地區的住家、醫院、辦公室、工廠、店鋪、餐廳、車廂……統統因此變得十分舒適。

此外，氟氯碳化物也能做爲噴霧罐的推進劑（幫助罐內的液態產品噴出）。因爲氟氯碳化物不可燃，和絕大多數物質都不會產生反應，又很容易從液體變成氣體，做爲推進劑可說剛剛好。在半導體產業上，氟氯碳化物也能製成清潔電路板和電子零件的清潔劑，還能做爲建築隔熱材料聚氨酯的發泡劑。

氟氯碳化物曾經如此完美無缺，對人類來說，是備受重視的「夢幻物質」。

被破壞的臭氧層

臭氧層會吸收陽光所含的有害物質紫外線。一九八〇年代，科學家發現南北極上空的臭氧濃度嚴重降低。由於臭氧減少的部分感覺上就像破了一個洞，因此被稱為「臭氧洞」。

臭氧層位於平流層內，要形成臭氧，太陽發出的紫外線是不可或缺的。由於南北極的冬季屬於一整天都沒有陽光直射的永夜，因此臭氧的濃度會降低；不過一到了春天，極圈開始能接收到陽光後，臭氧又會再度形成。

然而在一九八〇年代中期，卻發現了異常現象：入春之後，南北極的臭氧濃度不但沒有增加，反而還降低到無法吸收有害紫外線的程度；而科學家也確定了破壞臭氧層的物質，正是氟氯碳化物。氟氯碳化物在抵達平流層後，會因紫外線而分解，此時生成的氯原子會一一分解臭氧、破壞臭氧層。

了解這項機制後，各國便將對臭氧層影響最大的氟氯碳化物列為「管控物質」，全世界都禁止生產、使用、釋放到大氣之中。

此外，臭氧層並不是從原始地球的時代就已存在。原始地球的大氣主要是二氧化碳，其他則是水蒸氣和氮。隨著會因光合作用吸收二氧化碳、釋放氧氣的藍綠藻等生物出現後，地球上的氧氣逐漸增加，氧氣加上陽光的紫外線作用，才逐漸形成臭氧層。

臭氧層的高度距離地表約二十至三十公里，它會吸收陽光中的紫外線、避免直射地面。臭氧層一旦遭到破壞，原本應當被吸收而不會到達地面的紫外線就會變多；此外，過多的紫外線會影響動植物的繁殖，還會造成人體DNA受損、提高罹患皮膚癌的風險，以及免疫功能的下降。

追根究柢，臭氧層形成後，阻擋了對生物有害的紫外線，生物才得以從海中爬上陸地棲息，但人類正在親手破壞這個宜居的環境。

真的有完美的化學物質嗎？

因此，人們開始研發與傳統氟氯碳化物性質相同、但不會破壞臭氧層的物質——也就是**氟氯碳化物替代品，指的是不含氯原子，或是在抵達臭氧層前就會分解的物質。**

不過，這些替代物有個問題：雖然它們不易破壞臭氧層，卻會讓大氣中的溫室氣體——二氧化碳增加數千甚至數萬倍。氟氯碳化物確實也會造成溫室效應，不過破壞臭氧層的問題更嚴重，所以在研發氟氯碳化物替代品的時候，並沒有考慮到溫室效應的問題。

現在，氟氯碳化物的替代品是異丁烷和二氧化碳。異丁烷提煉自石油，具有可燃性；二氧化碳則為不可燃性，但缺點是熱效率不佳。

合成物質，讓人類的生活更加便利豐富。但另一方面，我們也逐漸了解，有些合成物質會對自然環境或人類生活造成重大影響，DDT和氟氯碳化物就是最典型的兩個例子。

從友善環境的角度來思考合成物質的生產和使用越來越重要。不論是研發和製造，都必須充分考慮對人類生活和自然環境帶來的影響。不過，就像DDT和氟氯碳化物，我們無從得知新發現的合成物質，會在何時發生預期以外的問題。人類只能在開始窺見問題的徵兆時，絞盡腦汁做出明智的處置。

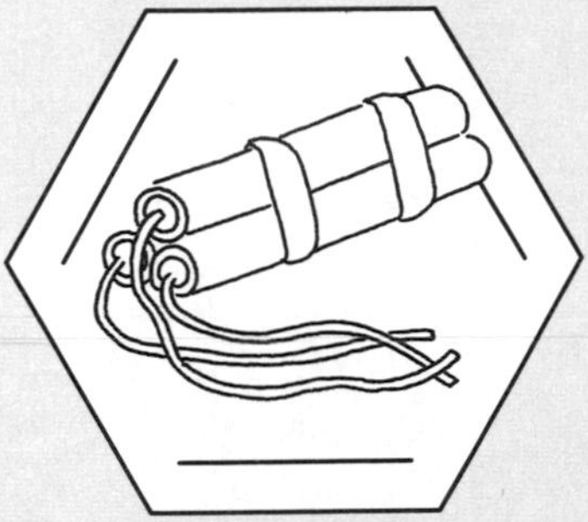

第 17 章

咻的一聲要爆炸啦！

提早終結越戰的那張照片

一九七二年六月八日，越戰正打得激烈的時候，美聯社發出一張「南越少女逃離燒夷彈轟炸」的照片，傳遍了全世界。

攝影師是美聯社二十一歲的越籍記者黃公崴（Nick Ut）。針對越戰進行採訪的他，拍了好幾張戰場上雙方交戰的照片，正準備收拾行囊回公司時，南越的軍機卻開始投放燒夷彈。一群臉上寫滿痛苦和恐懼的孩子，邊哭喊著邊朝向他直奔而來；其中有一名全裸的小女孩，黃公崴對著她按下了快門。

這位「燒夷彈少女」是當時年僅九歲的潘氏金福（Phan Thị Kim Phúc），黃公崴連忙將包含她在內的所有孩子送到醫院。金福的左臂和背部都有大片燒傷，所幸最後康復。她後來的經歷，都記錄在《照片中的女孩：金福的故事，照片與越戰》一書中。

「燒夷彈少女」的照片激起了反戰運動，提早結束了越戰。

連皮膚也燃燒殆盡的燒夷彈

燒夷彈的基本成分是石油腦（粗製汽油）加上鋁鹽和脂肪酸鹽，再攪拌成黏膠狀（凝凍狀）。

燒夷彈除了被美軍在越戰中使用、燒燬大量村莊和森林外，在後來的戰爭中也經常做爲武器。越戰使用的是黏度較低、燃燒時間長的「燒夷彈B」，以便大範圍擴張燃燒範圍，其主要成分爲聚苯乙烯、苯、汽油。根據統計，越戰所投擲的燒夷彈B高達四十萬噸。

燒夷彈從飛機上投下後，會化身爲恐怖的武器。一旦炸成碎片，就會沾附在各種物體表面，並以攝氏九〇〇到一三〇〇度的高溫長時間燃燒，幾乎無法撲滅。想要去除沾在人體上的燒夷彈是很困難的，因此會造成大範圍的燒傷，從毛囊到汗腺、神經末梢，將皮膚徹底燃燒殆盡。犧牲者也往往因疼痛造成的休克而死亡。

拜占庭帝國的祕密武器

拜占庭帝國（東羅馬帝國，三九五年～一四五三年，首都位於君士坦丁堡，也就是現在的伊斯坦堡）是羅馬帝國分裂後，統治東半部的政權。西羅馬帝國在五世紀末滅亡，六世紀中葉時，拜占庭帝國幾乎收復了整個地中海周邊地區的統治權。

信奉伊斯蘭教的伍麥葉王朝在敘利亞的大馬士革建立之後，創建者穆阿維亞一世（Muawiyah bin Abi-Sufyan）爲了征服拜占庭帝國，從六七四年開始，不斷圍攻君士坦丁堡，時間長達五年；拜占庭帝國則是拿出祕密武器「希臘火」頑強抵抗，最終擊退了伍麥葉軍隊。

關於希臘火的成分眾說紛紜，有人認爲是石油腦，也有人主張是硫磺、硝石、松香、柏油和瀝青等物的混合。如果是前者，那就和現在的火焰噴射器與燒夷彈屬於同類；如果是後者，那就是火藥的同類。

希臘火是將材料塡入幫浦狀的長筒裡，將開口對準敵船、在長筒內部點火後，隨即就會噴出濃煙和大火，而且無法用水撲滅。直到十四世紀前半、火藥開始實用化以前，

希臘火

希臘火一直都是拜占庭帝國獨有的祕密武器，令人聞之喪膽。由於希臘火的配方屬於國家機密，所以具體的製造方法始終不明。

黑火藥的發明與利用

一般認為，由硝石、硫磺、木炭混合製成的黑火藥，是十至十一世紀的中國所發明的，據說是唐朝（六一八年～九〇七年）的煉丹術副產品。

在南宋初期（約一一三五年左右），黑火藥還只用來做為點火、威嚇之用，到了金朝（一一一五年～一二三四年）和元朝（一二七一年～一三六八年）時才拿來當成武器。金朝士兵在鐵製容器裡填滿火藥，點火後用投石機拋向敵軍，藉此擊退一二三二年時入侵的蒙古軍隊；蒙古軍隊則記取了這項慘痛教訓，也學會使用黑火藥。

後來黑火藥經由伊斯蘭文化圈、在十三世紀傳到西歐後，廣泛用於大砲和槍械。槍械在一三八一年誕生於德國南部，在十五世紀後半實用化，到了十六世紀才普及。作戰方法的改變，直接促使騎士階級沒落。中世紀的騎士平日都會磨練馬術、槍術和劍術，然而當大砲開始用於戰鬥之後，騎士的馬術戰術就失去了意義，戰鬥主力變成配備槍械的武裝步兵集團。

大砲是在十四世紀時由中國發明；十五世紀時，經由伊斯蘭文化圈傳到歐洲。被希臘火保護了七百年，最後仍難逃陷落命運的拜占庭帝國首都君士坦丁堡，就敗在由鄂圖曼帝國打造、可射出三百公斤岩塊的巨砲。中國從十五世紀初，歐洲從十六世紀中葉，都已經開始使用填充火藥的砲彈。

好想要威力更強的火藥啊！

在十九世紀中葉之前，人類一直使用黑火藥，但黑火藥的缺點在於，一旦潮濕就無法點燃，又會散發濃厚的煙霧，而且威力也不算特別強。此外，開採礦山也需要更強力的火藥。

因此，歐洲各國的軍隊和工業界一直非常期盼能出現威力更強大的全新火藥。一八四五年，德裔瑞士化學家克里斯提安．尚班（Christian Schönbein）發明了硝化纖維（後來稱爲火棉）。這是在棉纖維裡加入混合酸（硫酸和硝酸的混合溶液），使其反應後製成。它的威力遠比黑火藥更強，但非常容易點燃，經常造成火藥工廠和倉庫大爆炸的意外，使用不易。

一八四七年，義大利化學家阿斯卡尼奧．索布雷洛（Ascanio Sobrero）發明硝化甘油。硝化甘油是無色透明的液體，一受到撞擊或加熱就會大爆炸。因爲這項特性，所以不利運送和保存，和硝化纖維同樣屬於不易使用的物質。

當時，硝化甘油工廠的員工時常抱怨自己有劇烈頭痛。研究結果發現，硝化甘油會導致血管擴張、引發頭痛，於是後來硝化甘油便轉而用來製造藥物，治療因連接心臟的血管變窄而引發的狹心症（缺血性心臟病）。

黑火藥能在千分之一秒內產生六千大氣壓的壓力；而硝化甘油能在百萬分之一秒內就產生高達二十七萬大氣壓的壓力；換言之，硝化甘油的爆發力大到黑火藥根本沒得比。因此，化學家開始研究如何避免硝化甘油因衝擊或加熱導致爆炸的方法。

說個題外話，我曾做過少量硝化甘油合成和爆炸的實驗。用玻璃毛細管吸取無色透明的硝化甘油液體，然後將毛細管伸入氣體燃燒器的火焰中。但即便是那麼微量的硝化甘油，也會引起大爆炸——玻璃毛細管頓時炸得粉碎，爆風甚至吹滅了火焰……

炸出鉅額財富

一八六二年，瑞典化學家阿爾弗雷德．諾貝爾（Alfred Nobel）和父親與兄長建立了一座小工廠，製造當時歐洲正火紅的硝化甘油。沒想到，他們的小工廠發生了爆炸意外，除了工廠全毀，還造成五名工人死亡，其中包含他的么弟。父親因這起意外飽受驚嚇，沒多久便撒手人寰。他與其他兄弟爲了將這種炸藥做成更安全的產品，便合作投入研究。

諾貝爾嘗試過紙、紙漿、木糠、木炭、磚塊磨成的粉……等五花八門的材料，但都沒有成功，最後才終於發現，讓硝化甘油滲透至矽藻土（單細胞藻類「矽藻」遺骸的沉積物）中，可以提高穩定性、方便運用。這是一八六六年的事。

諾貝爾運用自己發明的「雷管」（在管內塡滿炸藥和其他物質，以便引爆炸藥或火藥的裝置）成功維持爆炸的威力，一年後，他研發的炸藥以「矽藻土炸藥」爲名上市販售。

諾貝爾除了發明矽藻土炸藥，還開發出無煙火藥巴里斯太（Ballistite），做爲軍用火藥銷售至世界各國。他在世界各地經營約十五間炸藥工廠，還在俄羅斯開發巴庫油田，賺進了鉅額財富。

諾貝爾在去世約一年前，預立了以下遺囑：

我名下其餘可變現的財產，必須按以下方式處理——由我的遺囑執行人投資安全的有價證

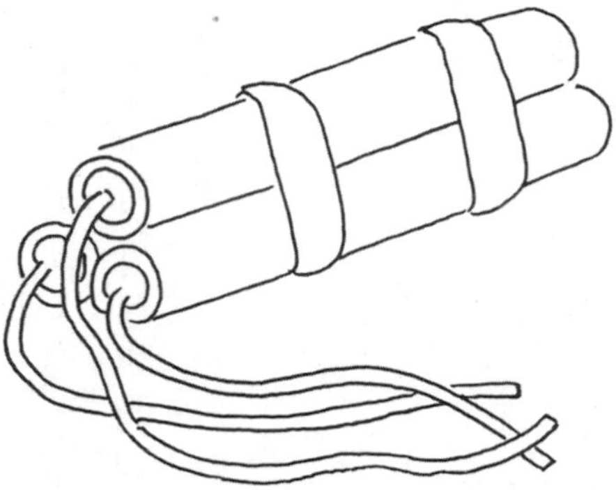

矽藻土炸藥

券，並以這份資金成立基金會，其利息每年以獎金形式，頒發給前一年對人類有最大貢獻的人。利息應分成五份，按下列方式分配：

一份頒發給物理界有最重大發現或發明之人；一份頒發給在化學界有最重大發現或改良之人；一份頒發給在生理或醫學界有最重大發現之人；一份頒發給在文學界創作出具有理想主義傾向最佳作品的人；最後一份頒發給爲促進各國友好、廢除或裁減常備軍隊，以及爲促成舉辦和平會議而盡最多努力或貢獻最大之人。

物理獎和化學獎由瑞典皇家科學院頒發；生理和醫學獎由斯德哥爾摩卡羅琳醫學大學頒發；文學獎由斯德哥爾摩的瑞典學院

頒發；和平獎由挪威議會選舉產生的五人委員會頒發。

頒發獎項時，完全不考慮候選人的國籍，無論他是不是斯堪地那維亞人，都必須頒給最值得獲獎的人，特此聲明。

（中略）

這是我目前唯一有效的遺囑。在我死後，若發現任何我以前立下的遺囑，一概作廢。

最後，我希望在我死時，請來稱職的醫生切開我的動脈，確認明顯的死亡跡象後，再將我的遺體火葬，特此聲明。

諾貝爾去世後，於斯德哥爾摩成立諾貝爾基金會，從一九〇一年開始頒發諾貝爾獎。起初只有物理獎、化學獎、生理和醫學獎、文學獎與和平獎這五個獎項；後來從一九六九年起，新設了經濟學獎，成爲六個獎項。

或許有很多人以爲，諾貝爾是因爲自己的發明用在戰爭上，心生遺憾，才會在遺囑裡加入和平獎這一項。但事實上，他的想法完全不是這麼回事。

諾貝爾曾對來訪的奧地利作家貝爾塔・馮・蘇特納（Bertha von Suttner）說過：

「我想發明一種具有驚人抑制力的物質或機器，好讓戰爭永不發生。」「敵人與同伴只在一念之間，我希望徹底不分你我的時代能夠來臨。」「應當有方法能讓所有文明國家放棄充滿威脅的戰爭，解散軍隊。」

只要發明出能在一瞬間毀滅彼此的武器，就不必再思考恐怖的戰爭會發生——諾貝爾研發出優良的軍用火藥、賣給各國軍隊，正是基於這種思維。

他終生痛恨戰爭、祈求和平的立場並非虛假。他只是認爲，光是裁減軍備，對促進和平的效果有限；武器的殺傷力越高，人類才更有機會走向和平。

然而，諾貝爾遺囑裡所謂的「爲促進各國友好、廢除或裁減常備軍隊，以及爲促成舉辦和平會議盡最多努力或貢獻最大之人」（和平獎），似乎與他的想法背道而馳。和他交情深厚的作家蘇特納曾以反戰爲題，在一八八九年出版《放下武器！》這部小說，並在當時的歐美各國蔚爲話題。所以也有人認爲，諾貝爾或許是受到這部作品的感召，才會產生設立和平獎的念頭。

順便一提，史上第一位榮獲諾貝爾和平獎的女性，就是一九〇五年的第五屆得主蘇特納。她是作家，也是和平主義者，一生都在戰亂不斷的歐洲爲和平運動奉獻，因而獲得肯定。

從黑火藥到無煙火藥

矽藻土炸藥無法做爲裝藥（裝塡在子彈裡的火藥），因爲槍身無法負荷矽藻土炸藥的巨大爆炸威力。

各國軍隊都追求比黑火藥更強大的裝藥，於是在一八八四年出現了無煙火藥，還解決了黑火藥發射時特有的白煙與殘渣問題。無煙火藥只需要點燃少量的火棉，不會產生煙，而且一瞬間就會燒完，不留痕跡，使用非常方便。

無煙火藥是以硝化纖維爲基底，再添加安定劑製成的火藥。諾貝爾研發的無煙火藥巴里斯太也是這種類型。無煙火藥分成：只需要硝化纖維和安定劑就能製成的「單基火藥」、添加硝化甘油的「雙基火藥」，還有添加硝基胍的「三基火藥」。

現在，手槍和步槍的子彈都使用單基火藥；迫擊砲或火砲使用爆發力較強的雙基火藥；而講求強大威力和穩定性的大口徑砲彈則是使用三基火藥。

另外，化學家也研究了能塡充在子彈內，並讓子彈爆裂開來的炸藥。一八七一年，首度透過將苯酚硝化後得到三硝基酚，由於它的味道非常苦，所以又稱爲苦味酸（picric acid）。苦味酸是鮮黃色的粉末，可做爲絲綢和羊毛的合成染料使用，只要添加適合的起爆劑，也能當做炸藥使用；但問題是，受潮後就不易爆炸，在雨天和潮濕的日子常常變成未爆彈。

一九〇六年，德國製造出強力炸藥三硝基甲苯（TNT）。TNT不會受到濕氣影響，就軍事用途來說，比苦味酸更優秀。而苦味酸和TNT都屬於硝基化合物。

肥料跟炸藥都用得到

一九〇七年，化學家成功發明可直接讓空氣中的氮和氫產生反應、合成氨的哈伯法之後，便開始用氨製造硝酸。硝酸可以製成硝酸銨（NH_4NO_3）肥料和炸藥。

礦山或隧道工程的爆破，原本是矽藻土炸藥的拿手好戲，但後來卻漸漸變成以硝酸銨爲主成分的炸藥。一九七三年時，硝酸銨的產量還與矽藻土炸藥持平，後來便漸漸凌駕於矽藻土炸藥之上。

以硝酸銨爲主成分的炸藥，包括以九四%的硝酸銨和六%的燃料油混合而成的「硝油炸藥」（ANFO，又稱肥料炸彈），以及硝酸銨加上占比五％以上的水所製成的「水膠炸藥」。

炸藥的破壞力由大到小分別是：硝油炸藥↓水膠炸藥↓矽藻土炸藥。比起矽藻土炸藥和水膠炸藥，硝油炸藥的價格低了三分之一左右，安全性也更高；可惜不耐水，爆炸後會產生有毒氣體，也不易破壞堅硬的岩層。水膠炸藥又分為泥漿炸藥和乳化炸藥，安全性高於矽藻土炸藥，爆炸產生的氣體也沒什麼害處；由於價格比矽藻土炸藥便宜，安全性又更高，所以正逐漸取代矽藻土炸藥。

只要處理適宜，硝酸銨可以做成非常安全的炸藥，但因不當操作而造成意外和恐怖分子的濫用，依然釀成許多悲劇。

大家對以下這起事故或許還記憶猶新：二〇二〇年八月四日，黎巴嫩的貝魯特港發生大規模爆炸事故，估計造成至少兩百人死亡、六千五百多人輕重傷，約有三十萬人無家可歸。爆炸的倉庫裡堆積了近三千噸的硝酸銨，而且還在沒有足夠保護措施的狀態下存放了六年。大量的硝酸銨正是引起大規模爆炸的主因。

不論是在戰時或承平時期，不論是用於破壞和建設，火藥都對我們的文明造成相當大的影響。

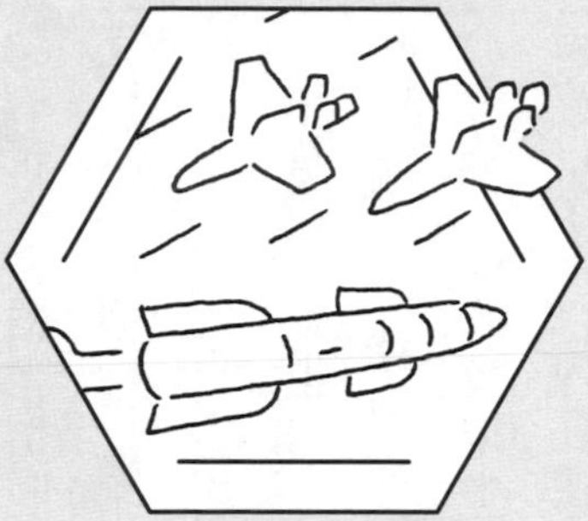

第 18 章

戰爭與科學家的社會責任

窮人的核武

化學或生物武器殺傷力雖高，但由於材料比核武容易取得、做法簡單，花費也少，所以又稱爲「窮人的核武」。

所謂的化學武器，指的是做爲戰爭工具的化學合成物質（如毒氣），目的是破壞敵對者與支撐其生活的動植物生理功能。它是在第一次世界大戰時開始大規模採用的新戰術。自一九一五年四月，德軍在第二次伊珀爾戰役使用氯氣開始，第一次世界大戰大約使用了三十種毒氣武器、研究出超過三千種合成物質，像是會導致窒息的光氣、雙光氣、嘔吐性毒劑二苯氯砷（DA）、糜爛性的芥子毒氣（Yperite）等等。

由於毒氣造成的後果十分殘忍，因此在第一次世界大戰後的一九二五年六月十七日，各國簽定了《日內瓦議定書》，禁止在戰爭中使用毒氣和細菌武器大量殺戮。然而，這份協議僅禁止使用，卻沒有限制研發和製造。

第二次世界大戰期間，納粹德國直到戰敗前，共合成約兩千種有機化合物做爲化學武器。德國單獨研發的全新強力化學武器「G系列毒劑」（German gas）中，最具代表性的就是在一九三七年合成、在一九四四年儲藏量達到三萬噸的塔崩（Tabun）。一九三九年，德國還研發了毒性是塔崩兩倍（光氣的三十二倍、芥子毒氣的十五倍）的沙林毒氣；大戰晚期，又研發出更強大的索曼（Soman）毒氣──G系列毒劑是利用收容在集中營裡的猶太人和俄羅斯人，不斷進行人體實驗研發而成的。

美國也在一九四二年，以研究細菌戰的戰爭顧問委員會爲首，在埃奇伍德兵工廠、迪特里克堡研究化學細菌武器，並在大戰期間製造出二．七萬噸毒氣。

此外，一九三一年時，日本於中國東北的滿洲組成了七三一部隊（石井部隊），以「各國前所未見的殘忍手法」進行人體實驗和研究。一九二七年，於日本廣島縣的大久野島，以陸軍造兵廠忠海製造所的名義成立毒氣工廠，大量生產芥子毒氣和氰化氫等毒氣，直到第二次世界大戰結束。

二戰期間確實將化學武器投入戰場的，幾乎可以肯定只有日軍；而後來也證實，美國爲了報復日軍的這種行爲，曾打算使用芥子毒氣和光氣。倒是德國，到最後都沒有下定決心採取這種方式。

坦白說，只要是具有高度化學工業技術的國家，都有能力製造出化學武器；至今也仍有好幾個國家持有並使用化學武器，威脅許多民眾的生命。

《禁止化學武器公約》是經聯合國大會通過、於一九九三年簽署，並於一九九七年正式生效的國際公約。公約的全名是《關於禁止發展、生產、儲存和使用化學武器及銷毀此種武器的公約》，目前全世界共有一百九十三個國家加入此公約。

談到近年來的化學武器事件，日本的沙林毒氣事件可說最讓人印象深刻。由麻原彰晃（本名松本智津夫）擔任教祖的奧姆眞理教，在一九九四年於長野縣松本市散布沙林毒氣，造成當地居民八人死亡、一百四十四人中毒受傷（松本沙林毒氣事件）。而後，該團體又在一九九五年三月，於東京地下鐵五班列車內散布沙林毒氣，造成乘客和車站職員十三人死亡、約三千八百人中毒的慘劇（東京地鐵沙林毒氣事件）。除此之外，奧姆眞理教也曾引起VX神經毒劑殺人事件（北韓領導人金正恩同父異母的哥哥金正男，也是遭這種毒物暗殺）。

造福世人，也毒害世人

提到化學武器的研究開發，絕不能忘記德國化學家弗里茨·哈伯（Fritz Haber）。

一九一五年四月二十二日，正值第一次世界大戰期間，地點是比利時的伊珀爾。德軍正與英法聯軍交戰時，從德軍陣營飄出一陣黃白色的煙霧，順著春天的微風吹向了法軍陣營。當煙霧一飄進戰壕，所有士兵隨即開始不停嗆咳、緊抓著胸口哀嚎倒地，戰壕內頓時成爲人間煉獄。

這是歷史上第一場眞正的毒氣戰「第二次伊珀爾戰役」的情況，這時使用的是氯氣。德軍在靠近伊珀爾前線五公里的範圍放出一百七十噸氯氣，造成五千名法國和比利時士兵死亡、一萬四千人中毒。

第二次伊珀爾戰役後，英軍在同年九月，法軍也在翌年二月，分別使用氯氣報復德國。德國和協約國（英國、法國、俄羅斯等國）紛紛動員國內最優秀的科學家，發瘋似地拚命製造毒氣。

氯氣是黃綠色的氣體，在紡織業因工業革命而繁榮的時期，曾用於製造漂白布料用的漂白粉：只要讓消石灰（氫氧化鈣）吸收氯，就可以製成漂白粉。

一八九〇年，德國透過電解食鹽水的工業製法，成功製造出品質精良的氫氧化鈣，副產品就是氯。氫氧化鈣是製造肥皂和玻璃的重要原料，也是蘇打產業（蘇打是鈉化合物的統稱）的核心物質。隨著玻璃和肥皂的民生需求提高，氯的產量也跟著增加，但氯頂多拿來做漂白粉和殺菌劑而已，導致生產過剩。是德國率先注意到生產過剩的氯，才「運用」在第一次世界大戰。

這場毒氣戰的指揮官正是哈伯。「若毒氣武器可以提早結束戰爭，就能拯救更多人的生命」，這正是他帶領其他科學家投入毒氣研發的原因。他擁有幾近盲目的愛國情操，用異常投入的方式從事化學武器的開發工作。

哈伯狂熱的行動，都看在妻子克拉拉冷靜的雙眼裡。她也是一名化學家，曾試圖站在人道觀點，勸丈夫不要插手化學戰。

但哈伯卻回答：「科學家在和平時期屬於全世界，在戰爭時期卻屬於他的祖國。我相信只有德國才能帶來和平有序的世界，能夠維護文化、發展科學。」失望的克拉拉在哈伯前往東部戰線視察氯氣桶的當夜，留下獨子，舉槍自盡。

德軍持續在伊珀爾發動第二次、第三次毒氣攻擊，不過大家已學會用防毒面具來抵擋氯氣，所以死傷人數大幅降低。即使如此，德軍司令部仍認可毒氣攻擊的實用性，哈伯升任為新設陸軍部化學研究所所長，成為普魯士王國的上校。對於身為猶太人的哈伯而言，可謂破格升遷。

德國擁有當時全世界最強的化學工業技術，新官上任的哈伯也馬上投入新的毒氣實驗——毒性是氯氣十倍、會導致窒息的光氣。雖然法國也準備了光氣，但因爲毒性甚強，所以還在猶豫是否要使用，沒想到德國竟然眞的用了。哈伯不只研發新毒氣，還爲了強化防毒方法，集結了許多化學家，開發出新的防毒面具。

而且，德國爲了報復打算用光氣攻擊的法國，放出了毒氣更強的雙光氣；最後，進展到使用有「毒氣之王」稱號的芥子毒氣：它沒有顏色，只要皮膚一接觸，就會燒傷潰爛，引發嚴重肺氣腫、肝臟機能損傷。

戰爭已然讓雙方陷入極度瘋狂、互相殘殺的悲慘境界。一九一七年，美國向德國宣戰。擁有龐大產能的美國參戰，使戰況轉向對英法聯軍有利。這時，美國也開始生產芥子毒氣，大戰結束時的產量甚至高達一天二十五萬發（毒氣彈），遠高於德國；另外還研發出會造成皮膚潰爛、肺部嚴重損傷的劇毒路易氏劑。換言之，美國在開發與持有毒氣這方面，是全球數一數二的國家。

諷刺的是，哈伯在一九一八年以氨合成法（哈伯—博施法）榮獲諾貝爾化學獎。然而，即使他發現讓氨製成肥料的方法、對全世界的農業有決定性的貢獻，也無法抹滅他導致成千上萬人受到毒氣傷害的事實。哈伯受到人們鄙夷，尤其是協約國的科學家，對哈伯獲得諾貝爾化學獎一事非常不滿。

第一次世界大戰後，德國依照《凡爾賽條約》，割讓了戰前一〇%的國土和人口，軍備發展也受到限制、不得製造和使用化學武器，還必須賠償鉅款（一九二一年正式決定總額爲一三二〇億德國馬克）。愛國人士哈伯希望能幫忙償還賠款，於是打算從海水提煉出黃金；但他眞正開始挑戰後，才發現海水的含金濃度遠比預想中的低，低到無法計算。

之後，德國由希特勒掌權，身爲猶太人的哈伯開始受到冷遇，即便他是威廉皇帝學會所屬物理化學研究所和電氣化學研究所所長，也不得不辭職。

利用哈伯—博施法合成出氨、導向工業化生產的德國化學家卡爾．博施（Carl Bosch）曾警告希特勒，驅逐猶太人就等於將物理和化學逐出德國，沒想到他得到的回答卻是「既然如此，那麼今後百年，德國都不需要物理和化學」。

哈伯後來任教於英國劍橋大學，然而英倫的冬天寒冷難耐，失意造成的身心疲勞嚴重影響他的健康，因此前往瑞士休養旅行的他，最後在途中於距離祖國最近的巴塞爾逝世。

從地圖上消失的島嶼

一九二九年，舊日本陸軍在瀨戶內海的大久野島設立了化學武器（毒氣）工廠。因爲當地製造的是國際法所禁止的毒氣，所以屬於國家最高機密。直到一九四五年二戰結束爲止，這座島一直都是不存在於日本地圖的祕密島嶼。

毒氣自一九二九年開始生產，工廠並在一九三三年和一九三五年兩度擴建，都在絕對保密的情況下生產芥子毒氣、路易氏劑、多種催淚瓦斯和氰化氫（氫氰酸）。

一九三七年七月，蘆溝橋的一聲槍響，揭開中日戰爭的序幕，當時毒氣工廠的員工已將近一千人。在全盛時期，員工人數多達五千人，二十四小時全力製造各種毒氣，然後送往中國戰場前線。

當然，工人也會在工廠內因接觸毒氣而喪命。一九三三年七月，一名青年在傾倒氰化氫溶液時，飛沫不小心噴到防毒面具的吸收罐，結果瞬間就因吸入毒氣造成的急性氰化物中毒倒下。當他被送上病床躺好時，全身已嚴重抽搐，連救都來不及救，僅撐了一天就斷氣。許多員工也因長期吸入芥子毒氣而引發呼吸系統疾病——據說只要在大久野島工作，至少都會罹患一次肺炎。

芥子毒氣的氣味類似黃芥末，因此才命名為芥子。它是一種揮發性液體，對皮膚和內臟都有強烈糜爛性，一旦接觸到，皮膚就會潰爛燒傷，痊癒後會留下蟹足腫般的肥厚疤痕，吸入後也會侵蝕肺部。

路易氏劑也是糜爛性毒氣，別名「死亡之露」，只要嘗到一滴，短短半小時必然斃命；皮膚接觸後會產生劇痛，吸入後會引發噁心嘔吐，並引發全身嚴重的中毒反應。

日本在一九三九年夏天之後，開始對中國國民黨與中國共產黨軍隊使用芥子毒氣。最大規模的毒氣攻擊，是為期四個月的武漢會戰（一九三八年六月十二日～十月二十五日），期間展開了將近四百次毒氣攻擊。

大久野島的毒氣生產在太平洋戰爭開始時達到巔峰，到一九四三年左右，才逐漸轉為以製造發煙筒和普通炸彈為主，不再生產毒氣。

這項轉變起因於一九四二年六月，時任美國總統羅斯福對日本的警告。他表示，如果日本繼續採取這種非人道的戰爭手段，他將視其爲對美國的挑釁，並以相同的方法施以最大的報復。

提出這項警告，表示美國握有日軍在中國使用毒氣武器的鐵證。有一說認爲，日軍剛好趁此機會結束對中國的毒氣攻勢。

不過還有另一項原因，就是製造毒氣罐的鐵等資材短缺。比起製造毒氣罐，日軍認爲，應該把鐵用來製造普通炸彈。唯恐美國報復的日軍，從此停止製造毒氣。

第一次世界大戰採取的戰略是嚴守陣地，使得化學武器還能發揮某種程度的效果；但到了第二次世界大戰，轉爲注重武器的火力和機動性，從這一點來看，化學武器的沒落，或許是因爲跟不上時代的緣故。

「末日鐘」的衝擊

一九四七年起，美國科學雜誌《原子科學家公報》每個月都會發表預測世界末日的「末日鐘」，目的在於警告全球核武開發、戰爭、環境破壞等問題。

「末日鐘」是為了警告眾人關於核子戰爭的危險性，而由曼哈頓計畫中最早參與原子彈研發的美國科學家所創立。它將人類滅亡設為「午夜零時」，並以距離這個時間還有幾分鐘來表示。當核子戰爭的危機升高，分針就會前進；降低則會退後。

二〇二〇年一月二十三日發表的末日鐘所顯示的剩餘時間，是有史以來最短的——僅剩一百秒。當時伊朗破壞核子協定、北韓研發核子武器，以及美國、中國與俄羅斯持續擴張核武，都提高了相關威脅；而各國對氣候變遷的關心降低，也是其中一項原因。

從未失去人性的物理學家

投在廣島和長崎的原子彈，其攻擊原理是利用核分裂時釋放出來的巨大能量。而成功解開核分裂祕密的，是出生於奧地利的猶太女性科學家莉澤．邁特納（Lise Meitner）。

一九三八年，德國物理學家奧托．哈恩（Otto Hahn）和學生弗里德里希．施特拉斯曼（Friedrich Straßmann），重新進行美籍義大利物理學家費米（Enrico Fermi）等人用中子撞擊鈾的實驗，結果發現，除了會產生原子序比九二的鈾還要大的超鈾元素，還會產生原子序五六的鎂。

邁特納是哈恩的共同研究者，曾擔任威廉皇帝學會的研究員，後來任教於柏林大學；納粹併吞奧地利後，剝奪了猶太人的公民權，她因此而流亡至瑞典。她是透過哈恩的信件才得知發現了鋇。事到如今，哈恩仍需要這位遠走他鄉的共同研究者協助解析自己的新發現。

邁特納寫信給身在哥本哈根的外甥——物理學家奧托．弗里施（Otto Frisch），懇請他來訪。兩人在雪中散步、共同討論這項發現，最後邁特納認定這就是核分裂的反應，並釐清了核分裂的原理。

然而，諾貝爾化學獎卻只把發現核分裂的成就歸功於哈恩，將邁特納排除在外。幸好，絕大多數的物理學家都能理解，邁特納才是那個應該享有尊榮的人。

二次大戰期間，邁特納留在瑞典繼續進行原子核的研究，同時也培育年輕的研究員。如今，這間研究所就稱爲邁特納研究所。一九四七年，柏林大學邀她回校任教，儘管連哈恩和施特拉斯曼都出面請求，她還是回絕了。

美國也多次邀請她加入研究與製造原子彈的「曼哈頓計畫」，但邁特納始終堅持拒絕。她的墓誌銘是「從未失去人性的物理學家」。她去世後，獲得了比諾貝爾獎更高的榮譽：第一〇九號元素以她的名字命名為䥑（Meitnerium）；此外，也有小行星、金星和月球上的隕石坑以她為名。

核分裂連鎖反應

科學家發現鈾在核分裂時會釋放中子的現象後，便開始思考如何利用核分裂連鎖反應所產生的龐大能量，製造原子彈。天然的鈾有三種主要的同位素（原子量相同，但質量不同的原子），依天然存在比（每種同位素在自然界中存在的比例）的多寡，分別是鈾二三八（九九．二八%）、鈾二三五（〇．七一%）、鈾二三四（〇．〇〇五四%）。

鈾二三五的原子核與中子撞擊後，會分裂成兩個新的原子核。由於鈾二三五最容易發生核分裂，所以用於製造原子彈（鈾二三五濃度九〇%以上）和核燃料（鈾二三五濃度三%～

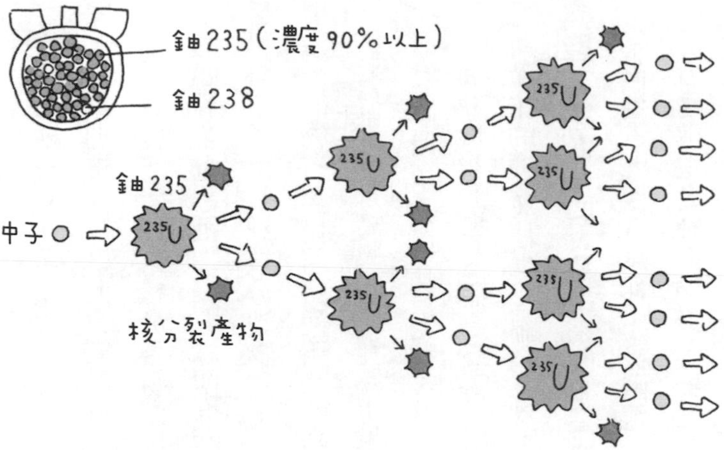

原子彈的原理就是鈾235的核分裂連鎖反應

五%）。

讓一個鈾二三五原子發生核分裂，會釋出二到三個中子，同時產生許多能量。此時釋出的中子，又會撞擊附近的鈾二三五、發生核分裂；再釋出的中子又會再次撞擊附近的鈾二三五，再次發生核分裂（核分裂會出現各種原子序比鈾更小的原子，如前文提到原子序五六的鋇）。核分裂連鎖反應就是以這種方式發生，並釋放出非常龐大的能量。

曼哈頓計畫

「曼哈頓計畫」是美國在第二次世界大戰進行的原子彈製造計畫代號。美國爲了研發、製造原子彈，可說動員了所有科學家和技術人員。

一九四一年，美國決定實施原子彈計畫，同年十二月成立原子能委員會。製造原子彈，只要把可進行核分裂的材料——鈾二三五和鈽二三九，以一定的量（稱爲臨界質量）放在一起就行了。如果核分裂材料的質量小於臨界質量，原子彈就不會爆炸。而自然狀態下的臨界質量，鈾二三五爲四九公斤，鈽二三九爲十二．五公斤。不過，只要使用反射材料將中子反射到核分裂物質上，就能大大降低臨界質量；所謂的反射材料，是可以反射中子的物質，目前所使用的是鈹，這種材料可以將快脫離原子彈的中子反射回去。另外，根據推測，鈽製的核彈頭重量約爲三至五公斤。

要讓原子彈成功爆炸，首先要從天然鈾分離濃縮出含量僅有〇．七一％的鈾二三五；此外，也要建造核子反應爐，來製造同屬於核分裂材料的鈽。

擁有強烈放射性的鈽，是在一九四〇年末由美國核子化學家格倫．西博格（Glenn Seaborg）等人首度製造出來的人造元素。鈾二三八吸收中子後，就能變成鈽二三九。

直到一九四五年初，美國還只能生產出炸彈用的鈽二三九和高純度（高濃縮度）的鈾二三五；解決各種問題後，終於在一九四五年七月製成第一顆原子彈，並在新墨西哥州的沙漠進行爆炸試驗。

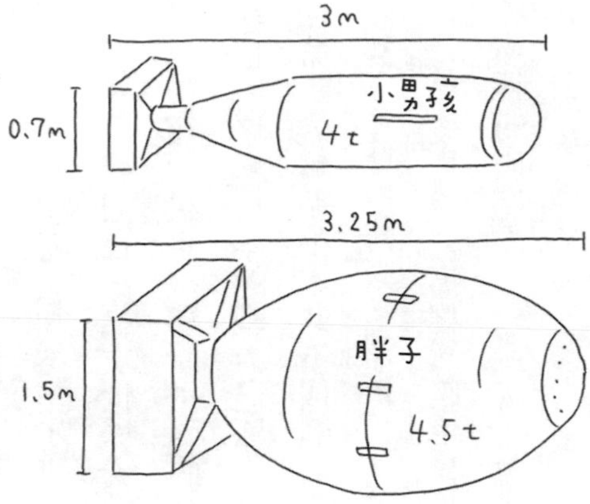

「小男孩」所使用的核分裂材料是鈾235，
「胖子」所使用的則是鈽。

原子彈爆炸後，會產生溫度高達攝氏一〇〇〇萬度、壓力高達數百萬大氣壓的火球。爆炸最初釋出放射線的時間非常短，隨著溫度逐漸下降，會逐漸釋放出紅外線和紫外線，將所有物體燃燒殆盡；也會產生衝擊波，將一切物體遠遠推開、掀倒。具有強烈放射性的灰燼四處散落，並產生帶有強烈電磁波的電磁脈衝。

一九四五年八月六日，美軍在日本廣島投下世界第一顆鈾原子彈「小男孩」。距離爆炸中心半徑兩公里以內的一切，幾乎全數燒毀，累計到該年年底，共有十四萬人因此死亡。同月九日，美軍又在長崎投下鈽原子彈「胖子」，造成約一．三萬幢房屋全毀，推測至該年年底，共有七．四萬人死亡。

此外，關於投擲原子彈這項行動本身，科學家當初是因為感受到納粹德國研發核武的威脅，才勸告美國製造原子彈，而他們也親自參與計畫；但在納粹德國投降後，開始有科學家強烈反對使用原子彈。畢竟日本投降指日可待，所以他們也在報告中闡明，目前沒有必要用原子彈來結束戰爭。

關於美國在第二次世界大戰中對日本投擲原子彈的行動，根據後來公布的解密文件可以得知，決定投擲原子彈的各指揮官考量的並不是日本，而是以蘇聯為中心的戰後全球性戰略。日本的戰力已極度匱乏，只差投降而已，所以「原子彈拯救了數千名美國人性命」的論點根本站不住腳。美國是為了在戰後的世界，尤其是對蘇聯展現自己的政治優勢，才會投擲原子彈。

之後，美國仍獨擁原子彈，直到一九四九年八月，蘇聯開始進行原子彈實驗，才打破壟斷的局面。

氫彈的開發

一九五〇年一月，時任美國總統的杜魯門爲了繼續保有美國的優勢，下令製造可以產生巨大能量、連原子彈都望塵莫及的「氫彈」。

當兩個原子核非常靠近時，彼此會互相融合、形成新的原子核，並釋放出巨大的能量，這種反應就稱爲「核融合反應」。太陽本身就是一個巨大的核融合產物，內部不斷發生四個氫原子融合成一個氦原子的反應。氫彈是用原子彈做爲起爆裝置，利用核分裂反應發生的放射線和超高溫、超高壓，引發氘（重氫）和氚（超重氫）的核融合反應。

美蘇冷戰期間，兩國都進行了氫彈的實驗和研發。儘管如此，美蘇兩國在韓戰、古巴飛彈危機、柏林圍牆衝突和越戰期間，仍保持未動用核武的「冷戰」狀態；尤其是一九六一年到一九六二年爆發的古巴飛彈危機，其引發核武戰爭的危險性可說是最高的。

一九六一年四月，美國曾企圖煽動流亡的古巴人民「進攻古巴」，以推翻實行社會主義的古巴，但計畫以失敗告終。當時蘇聯最高領導人赫魯雪夫想藉由援助第三世界和強化核武戰力，以取得對美國的優勢，在古巴部署了核子飛彈，也使得全球核戰危機一觸即發。一九六二年，美國爲抗議蘇聯部署飛彈而封鎖古巴，逼迫蘇聯在「選擇撤除核飛彈」和「遭受氫彈攻擊」間二選一。最後，兩國首腦正面交涉，蘇聯同意撤除飛彈，才終結了這場危機。

冷戰結束後，東西方的對立幾乎消失，全世界開始逐漸削減核子彈頭數量；只是目前減少彈頭的行動處於停滯狀態，核武擴散與核恐怖主義等「核威脅」有再度升高的趨勢。

第二次世界大戰後，科學家發起了《聯合國人類環境宣言》（又稱《斯德哥爾摩宣言》）和《羅素—愛因斯坦宣言》等行動，呼籲全世界放棄核武、停止戰爭，以和平用途做爲科學研究的主要目的。一九五七年，世界各國二十二位科學家聚集在加拿大的漁村帕格沃什，認眞探討核武的危險性、放射線的危害，以及科學家的社會責任，召開努力廢除核武的國際和平會議「帕格沃什科學和世界事務會議」。這項行動，也是對科學家自身應負的社會責任進行深刻的反思。

結語 化學仍將持續影響人類歷史

我現在正坐在公寓大樓裡的其中一室，面對電腦，敲打著鍵盤。椅子是塑膠和鐵製的，桌子爲木製。組成電腦的金屬、玻璃、塑膠、液晶，內部電子零件、電路板和電池，當然全部都是由各式各樣的物質所構成。

我環顧四周，可以看見構成建築本體的鋼筋混凝土、大面玻璃窗、空調設備、電視、冰箱、陶瓷器和玻璃杯等；衣櫃裡有著以天然纖維（棉花）和合成纖維製的衣服，身邊則放著書本和智慧型手機。包含了許多運用物理學知識和技術來運作的物品，而且全都是由化學物質與材料構成，其中大多數都是從古至今不斷發展的文明帶來的賞賜。

除了存在於大自然的木材、植物纖維製成的紙張、棉製的衣服，我們可以說，所有物品都需要化學知識和技術才得以存在。如同本書所介紹的，鐵、不鏽鋼、鋼、鋁等金屬，染上各式繽紛色彩的石化合成纖維、陶瓷器和塑膠等等，構成它們的物質與材料都對世界史帶來了深遠的影響。倘若沒有這些東西，真的很難想像我們的生活會是如何。

關於現在和不久的將來，我有一些話想對大家說。

今後，備受期待的化學知識和技術，將集中在如何解決暖化問題。地球持續暖化，必然對全球氣候造成莫大影響。

地球暖化，正是隨著人類活動、朝大氣釋放出大量溫室氣體造成的。

其中最主要的問題，在於二氧化碳。一七六〇年代開始的工業革命，讓動力裝置從人力、獸力、水力轉變成化石燃料（煤炭、石油、天然氣）；此外，工廠、發電廠、汽車、飛機、一般生活，也會排放大量的二氧化碳。

這些都是人類經濟活動的過程中生成的。

大氣中的二氧化碳含量，從工業革命前的二八〇ppm，增加到現在的四〇〇ppm。如果要減少人類活動所排放的溫室氣體，就必須減少使用煤炭、石油、天然氣等所謂的化石燃料。不只如此，今後還會更講求節能減碳，增加風力和太陽能等再生能源。

其中格外受到矚目的，就是氫能源。

氫能源既不會生成二氧化碳，也不會產生汙染大氣的氣體。但要運用氫能源，仍有不少需要跨越的障礙，像是有效的量產方法、低成本又安全的輸送和儲藏方式、高效率且低成本的利用技術、從生產到消費的基礎設施建設……等（別忘了，氫是一種高度易燃且會自燃的氣體）。

將「光觸媒」放入水中照射陽光後、將水分解成氫，這種產氫效率能否大幅提升？能否開發出壓縮大量氫氣的低成本技術？能否利用氫氣和空氣中的氧做出可產生電力的低成本且易於使用的燃料電池？……諸如此類的夢想不勝枚舉。許多化學家和化學技術人員，現在仍爲了革新氫能源的運用，夜以繼日地埋首研究。

本書同時從正反兩面的角度，介紹了「化學」這門學問的進步，與化學成就如何影響了我們的歷史。其中應該也有一些涉及生物學、物理學或其他學科的部分。但希望各位讀者明白，許多學問本身就有重疊和互通的部分。

如果各位讀完這本書後，能理解世界史和化學的密切關聯，甚至體會到化學的魅力，那將是我最大的喜悅。

最後，本書誠摯感謝鑽石社田畑博文先生的協助。

參考文獻

- 麥可・法拉第著，倪簡白譯（2012），《法拉第的蠟燭科學》，臺灣商務
- 費曼著，師明睿譯（2018），《費曼物理學講義Ⅰ：力學》，天下文化
- 山崎俊雄、大沼正則、菊池俊彥、木本忠昭、道家達將合編（1978），《科学技術史概論》，オーム社
- 田中實著（1977），《原子論の誕生・追放・復活》，新日本文庫
- 田中實著（1979），《原子論の発見》（ちくま少年図書館43），筑摩書房
- 伊比鳩魯著，出隆、岩崎允胤譯（1959），《エピクロス教説と手紙》，岩波文庫
- 盧克萊修著，蒲隆譯（2012），《物性論》，南京譯林出版社
- 田中實著（1974），《科学の歩み 物質の探求》，ポプラ社
- 板倉聖宣編（1983），《原子・分子の発明発見物語 デモクリトスから素粒子まで》，国土社
- 板倉聖宣著（2000），《科学者伝記小事典 科学の基礎をきずいた人びと》，仮説社
- Henry M. Leicester (1971), *The Historical Background of Chemistry, Dover Pubns*
- Joel Levy（2011）, *The BEDSIDE Book of Chemistry, Penguin Random House*
- 左卷健男著（2019），《中学生にもわかる化学史》，ちくま新書

・日本化學史學會編（2019），《化学史への招待》，オーム社
・安部明廣監修，重松榮一著（1996），《化学 物質の世界を正しく理解するために》，民衆社
・左巻健男編著（2006），《新しい高校化学の教科書》，講談社ブルーバックス
・長倉三郎等編著（2004），《化学の世界 ⅠA》，東京書籍
・Antoine Lavoisier (1789), *Traité Élémentaire de Chimie*, Paris:Chez Cuchet
・馬場悠男著（2015），《私たちはどこから来たのか 人類七〇〇万年史》，NHK出版
・上田誠也、竹内敬人、松岡正剛著（2003），《理科基礎 自然のすがた・科学の見かた》，東京書籍
・左巻健男著（2015），《面白くて眠れなくなる人類進化》，PHPエディターズ・グループ
・河合信和著（2010），《ヒトの進化 七〇〇万年史》，ちくま新書
・岩城正夫著（1977），《原始時代の火 復原しながら推理する》，新生出版
・Richard W. Wrangham (2014, *Catching Fire: How Cooking Made Us Human*, Brilliance Audio
・馬克・米奧多尼克著，賴盈滿譯（2018），《十種物質改變世界》，天下文化
・春山行夫著（1990），《春山行夫の博物誌Ⅵ ビールの文化史1》，平凡社
・左巻健男著（2016），《面白くて眠れなくなる元素》，PHPエディターズ・グループ
・小畑弘己著（2015），《タネをまく縄文人 最新科学が覆す農耕の起源》，吉川弘文館

- 山田康弘著（2019），《縄文時代の歴史》，講談社現代新書
- 藤尾慎一郎著（2002），《縄文論争》，講談社選書メチエ
- Charles Panati (1989), *Extraordinary Origins of Everyday Things*, William Morrow Paperbacks
- ニューガラスフォーラム編著（2013），《ガラスの科学》，日刊工業新聞社
- 宮崎正勝編著（2002），《世界史を動かした「モノ」事典》，日本実業出版社
- 潘妮．拉古德、杰．布勒森著，洪乃容譯（2005），《拿破崙的鈕釦：十七個改變歷史的化學故事》，商周出版
- 賈德．戴蒙著，王道還、廖月娟譯（1998初版），《槍炮、病菌與鋼鐵：人類社會的命運》，時報出版
- 綿引弘著（1994），《物が語る世界の歴史》，聖文社
- Charles C. Mann (2016), *1493 For Young People*, Audible Studios on Brilliance audio
- Thomas Hager (2019)，*Ten Drugs: How Plants, Powders, and Pills Have Shaped the History of Medicine*, Abrams Press
- 船山信次著（2013），《史上最強カラー図解 毒の科学 毒と人間のかかわり》，ナツメ社
- Jennifer Wright (2017), *Get Well Soon: History's Worst Plagues and the Heroes Who Fought Them*, Henry Holt & Co
- 鄭靄玲（Denise Chong）著（2001），*The Girl in the Picture: The Story of Kim Phuc, the Photograph, and the Vietnam War*，Penguin Books

・瑞秋・卡森著，李文昭譯（1997初版），《寂靜的春天》，晨星出版

・Gino J. Marco, Robert M. Hollingworth, William Durham (1987), *Silent Spring Revisited*, American Chemical Society

・Sonia Shah (2011), *The Fever: How Malaria Has Ruled Humankind for 500,000 Years*, Picador USA

・江口圭一著（1988），《日中アヘン戦争》，岩波新書

・大原健士郎編（1973），《現代のエスプリ No. 75麻薬》，至文堂

・Edward M. Spiers (2010), *A History of Chemical and Biological Weapons*, Reaktion Books

・矢野暢著（1988），《ノーベル賞 二十世紀の普遍言語》，中公新書

・宮田親平著（2019），《愛国心を裏切られた天才 ノーベル賞科学者ハーバーの栄光と悲劇》，朝日文庫

・阿米爾・D・阿克塞爾著，孫揚、楊迎春譯（2018），《鈾之戰：開啟核時代的科學博弈》，上海交通大學出版社

國家圖書館出版品預行編目資料

世界史是化學寫成的：從玻璃到手機，從肥料到炸藥，保證有趣的化學入門／左卷健男 著；陳聖怡 譯
-- 初版 -- 臺北市：究竟，2022.02，
384 面；14.8×20.8 公分 --（科普：43）
譯自：絶対に面白い化学入門 世界史は化学でできている
ISBN 978-986-137-357-7（平裝）
1. 化學 2. 歷史
340.9 110021254

Eurasian Publishing Group 圓神出版事業機構 用心與你對話．視野無限寬廣
究竟出版社 Athena Press

www.booklife.com.tw reader@mail.eurasian.com.tw

科普 043

世界史是化學寫成的

——從玻璃到手機，從肥料到炸藥，保證有趣的化學入門

作　　者／左卷健男
譯　　者／陳聖怡
發 行 人／簡志忠
出 版 者／究竟出版社股份有限公司
地　　址／臺北市南京東路四段50號6樓之1
電　　話／（02）2579-6600．2579-8800．2570-3939
傳　　真／（02）2579-0338．2577-3220．2570-3636
總 編 輯／陳秋月
副總編輯／賴良珠
責任編輯／林雅萩
校　　對／林雅萩、張雅慧
美術編輯／金益健
行銷企畫／陳禹伶．鄭曉薇
印務統籌／劉鳳剛．高榮祥
監　　印／高榮祥
排　　版／陳采淇
經 銷 商／叩應股份有限公司
郵撥帳號／ 18707239
法律顧問／圓神出版事業機構法律顧問　蕭雄淋律師
印　　刷／祥峰印刷廠
2022年2月　初版
2024年3月　9刷

ZETTAI NI OMOSHIROI KAGAKU NYUMON SEKAISHI WA KAGAKU DE DETITEIRU
by Takeo Samaki

定價 390 元　ISBN 978-986-137-357-7

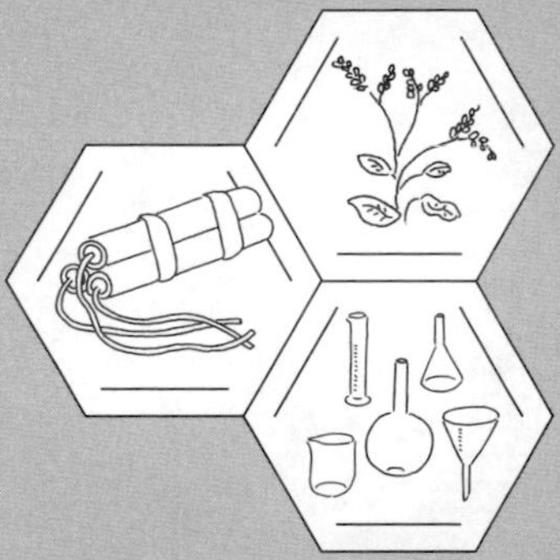